了不起
的科学
CHEMISTRY
化学

让孩子
着迷
的
奇妙
化学

[日]斋藤胜裕 著

江金龙 译

U0161667

中国纺织出版社有限公司

原文书名：ぼくらは「化学」のおかげで生きている
原作者名：齋藤勝裕
BOKURAWA "KAGAKU" NO OKAGEDE IKITEIRU by Katsuhiro Saito
Copyright © Katsuhiro Saito, 2015
All rights reserved.
Original Japanese edition published by JITSUMUKYOIKU-SHUPPAN Co.,Ltd.

Simplified Chinese translation copyright © 202* by China Textile & Apparel Press
This Simplified Chinese edition published by arrangement with
JITSUMUKYOIKU-SHUPPAN Co.,Ltd., Tokyo, through HonnoKizuna, Inc.,
Tokyo, and Shinwon Agency Co. Beijing Representative Office, Beijing
著作权合同登记号：图字：01-2021-7539

图书在版编目（CIP）数据

让孩子着迷的奇妙化学 ／（日）斋藤胜裕著；江金
龙译. --北京：中国纺织出版社有限公司，2022.3
ISBN 978-7-5180-9044-0

Ⅰ．①让… Ⅱ．①斋… ②江… Ⅲ．①化学—青少年
读物 Ⅳ．①06-49

中国版本图书馆CIP数据核字（2021）第213242号

责任编辑：邢雅鑫 责任校对：高 涵 责任印制：储志伟

中国纺织出版社有限公司出版发行
地址：北京市朝阳区百子湾东里A407号楼 邮政编码：100124
销售电话：010—67004422 传真：010—87155801
http://www.c-textilep.com
中国纺织出版社天猫旗舰店
官方微博 http://weibo.com/2119887771
天津千鹤文化传播有限公司印刷 各地新华书店经销
2022年3月第1版第1次印刷
开本：880×1230 1/32 印张：6.5
字数：80千字 定价：39.80元

当你看到书名《让孩子着迷的奇妙化学》时，可能会有点好奇"奇妙"到底在哪儿，又有哪些地方能让人着迷，接下来我将带大家揭秘本书的与众不同之处。

从我们身边的空气、花朵、石头，再到产品和身体，这世界的一切都是由物质构成的。其中除了少数物质外，绝大多数都是由分子构成的。因此，我们可以说世界上的一切都是由化学物质构成的。

一直以来，我们人类遵循着化学物质的定律和定理，将化学的力量运用到实际生活中，企业也充分运用化学的力量（定律和定理）大量生产各类商品。因此，学习化学能够更好地了解并改善我们的生活。

这时，你可能会想："那我就好好学下化学吧！"于是你翻开了许久都没有看过的中学化学课本，却发现一点都看不进去。究其原因在于课本涉及化学所有领域的知识，这与我们的实际生活、企业经营以及将来的社会需要并无太大关系。这也是很多人对化学丧失兴趣的最大原因。

生活必备的化学知识有哪些？××产品是通过什么化学定律和原理被制造出来的？我们该如何运用化学使我们的生活变得更加丰富多彩？本书在思考上述问题的同时，还进行了相关总结。

书中简洁明了地介绍了你一直以来很想知道、很想掌握的知识，相信在翻看本书、走进化学的世界时，你一定会十分激动。

在此需要提醒大家的是，在阅读本书的过程中，并不需要化学的基础知识。必要的相关知识，书上都会进行讲解。与课本不同，相信你一定会被本书描绘的化学世界所震撼。

第1章是"**隐藏在我们身边的化学**"。化学世界里有很多种类的化学物质，如果我们一一学习每一种化学物质的话，不但复杂冗长，还会造成巨大的记忆压力。这时，如果我们用简单易懂的语言，把相似物质的性质和相同反应都总结在一起的话，理解起来就容易多了，这就是化学的定律和定理。在第1章中，我们将会一起学习最基本的一些定律和定理。

第2章是"**孕育科技的化学**"。对于资源匮乏的日本来说，必须最大限度地提高这些资源的附加价值，将制造出来的产品推向全世界。本章将会选取并介绍一些有利于促进产业发展的定律和定理。

第3章是"**通过化学理解自然现象**"。如果我们要弄清楚云、雨等常见自然现象的形成，就必须了解气体、液体、固体的各种化学性质。在本章中，我们将会运用过饱和和过冷却状态、波义耳·查理定律、阿伏伽德罗定律，通过学习化学知识逐渐理解自然现象。

第4章是"**支撑我们生活的化学：医疗、生命、环境**"。在生活中，化学物质与我们的健康和环境息息相关，发挥着重要作用。医疗、环境问题可以说是化学的"专场"。本章涉及了很多有趣的内容，相信一定能吸引你的兴趣。

第5章是"**了解元素，才能学好化学**"。化学被称为"分子的科学"或"电子的科学"，但不论是分子还是电子，它们都是以"元素"的形式展现在我们面前。因此，了解元素的性质和反应性质可以说是学好化学的捷径。

本书由以上内容构成，可能和大家熟悉的化学教材大不相同，但这也正是本书的特色所在，也是本书最大的卖点。通过阅读本书，希望能让你实际感受到化学对生活的影响和作用。

最后，我谨向为本书出版辛勤付出的实务教育出版社的佐藤金平先生、shirakusa编辑工作室的畑中隆先生表示由衷的感谢。

斋藤胜裕

目录

第5章 了解元素，才能学好化学 / 171

为什么学习定律，就能了解化学

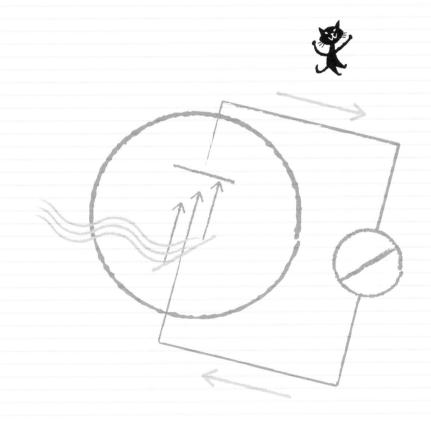

📍 什么是化学的定理？

提起化学的定律和定理，你头脑中浮现的可能是"道尔顿分压定律"或"勒夏特列定律"。这些定律名都取自发现该定律的人的名字。除此之外，有的定律名取自自然现象，如"质量守恒定律"。这两种命名方式并没有孰优孰劣之分，它们都是人们通过观察物质的状态、特征以及自然现象的本质后发现的。

化学是一门与物质紧密相关的科学。这里说的物质不仅包括地球上存在的物质，还包括宇宙中存在的物质。一般认为宇宙于138亿年前诞生，当时发生了超越光速的膨胀，之后砰的一声爆炸开来，物质四处飞溅。物质就这样诞生了。

实际上，我们能感知到的物质不足总量的5%，其余不能观察到的物质中，有70%是暗能量，20%是暗物质。我们能感知到的这不足5%的物质，仅由90种左右的原子构成，这些原子的性质可以归结为大小、重量等方面。

物质的性质和反应可以认为是简单的相互作用，而解释这种相互作用的正是"定律"，所以我们通过学习定律和定理，就自然会明白一种物质有什么特性，它会引起或不能引起什么反应。从这一点来看，我们就会发现**"学习定律和定理，就能了解化学"**。

📍 一切都是从"不可思议"开始的

人类从诞生伊始就对自然现象抱有浓厚的兴趣：为什么太阳那么耀眼，每天都会升起？石头是由什么构成的？生物是由什么构成的？人为什么会出生，又为什么会死亡？

太阳每天升起、植物萌芽开花、人类生老病死，人类对于这一切都感到"不可思议"，这一切都属于自然现象。一部分人从自然现象的背后感知到了"神"的存在，创造了宗教。而另一部分人发现了一些贯穿于自然现象的定律，然而在大多数情况下，这些发现被归结于神的意志，成为宗教的一部分。

但是不久后，对自然现象的研究和分析开始逐渐脱离宗教，独立开来。

📍 发现"定律"的炼金术

在当时的时代背景下流行着"四元说"，即万物是由地（土）、水、风（气）、火这四种元素构成的。

地：固体，十分重的一种元素，位于所有元素的中心，使物质变得坚硬和稳定。

水：具有流动性，比较重的一种元素，使物质变得柔软可控。

风：具有挥发性，比较轻的一种元素，使物质变得更轻并使之能上升。

火：微弱且稀薄的一种元素，位于所有元素之上，使物质变得更轻、更明亮。

在中世纪的欧洲，炼金术风靡一时。炼金术是一种把无价值的物质变为黄金的技术，在中世纪受到很多人的肯定和追捧。可以说，当时的炼金术士通过实验发展了四元素的学说。

如果一切物质都是由四种元素构成的话，那么它们的区别就只在于这四种元素的搭配比例，只要掌握好四种元素的搭配比例，就能提炼出黄金或白金。这么一想似乎很合理。

因此，中世纪的炼金术士（化学家的祖先）把与黄金相似的物质混合在一起，再分离，试图用这一方法调配出黄金。

很遗憾，他们最后没能提炼出黄金，但换个角度思考，他们创造出了比黄金更有价值的东西！那就是构成现代化学的基础——实验求证，再通过定律揭示自然现象。

炼金术士们创造出了"实验"这种方法，揭示了隐藏在自然背后的神秘（定律），为现代化学打下了坚实的基础。

📍 我们的生活与化学息息相关

无论是哪个领域的科学都是由定律和定理构成的，化学也是如此，但不同的是，化学的定律和定理就存在于我们的日常生活中。根据定律和定理，分子被制造出来，分子间相互活动、反应，形成了新的分子，构成了我们的身体，支撑并改善我们的生活。

说起"定律"，可能会让你想起课本上写着的那些与实际生活毫无关系的深奥知识，但事实上并非如此，定律在我们的生活中发挥着重要作用。例如，建造房屋时使用的木材、铁和混凝土，这些都是化学的领域，都是由化学知识进化、发展而来的。

说起人类生存不可或缺的食物，很多人都会想到农业和渔业，但仅靠自然农业（有机农业）是无法养活地球上70亿人口的。如今，70亿人得以生存，化肥和农药功不可没。

将我们从受伤和疾病的痛苦中解救出来的，既不是占卜，也不是祈祷，而是工厂里被制造出来的药品。这其实就是化学知识的体现。

工业革命后，支撑工业发展的不再是原材料供给的第一产业。加工原材料，赋予附加价值的产业变得重要起来。正是"化学"知识的运用，使原材料这一物质发生变化，使之变为价值更高的产品。

被喻为是"工业维生素"的稀有金属和稀有元素，目前被广泛运用在高性能磁铁（马达）、液晶电视、有机EL、太阳能电池的透明电极、超坚固和超轻铁板，还有发光、激光振动等日本企业的尖端产品上，改善着我们的生活。因此，可以说化学与我们的生活密切相关。

定律和定理以最简单的方式向我们展示了神秘的化学世界，接下来，让我们通过定律和定理的视角去了解化学，共同探索化学的奥秘吧！

第1章

隐藏在我们生活里的化学

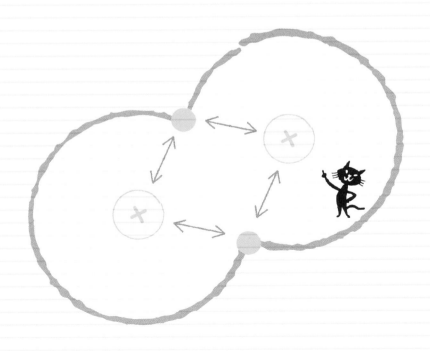

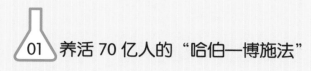

01 养活 70 亿人的 "哈伯—博施法"

"哈伯—博施法"

用氢气和氮气合成氨气，是一种
廉价的生产化肥的方法。

如今地球上有70亿人口，人们的生存都离不开食物。但原来的地球并不具备养活70亿人的能力，而使地球具备这一能力的正是"化学"。

动物通过植物合成的糖类生存

食物的种类有很多，但许多民族的主食都是谷物，也就是植物的种子。植物通过叶绿素，吸收太阳光的能量，以水和二氧化碳为原料生成糖分。食草动物食用植物获得营养和能量，而食肉动物则以草食动物为食，获得营养和能量。换句话说，**所有的动物都是靠植物制造的糖分生存**。从这个意义上说，糖分可以说是太阳能的"罐头"。为了使植物充分生长，除了水和二氧化碳外，还需要**肥料**。植物的三大营养元素分别是**氮、磷、钾**，其中氮是茎和叶，磷是花和果实，钾是根的生长所必需的。

📍 拯救人类的1906年奇迹

　　植物茎、叶等部位的苗壮成长，离不开氮肥。氮气约占空气的78%，可以说是取之不尽，用之不竭。但是，除了具有根瘤菌的豆科植物之外，其他植物不能将空气中的氮气直接作为肥料吸收。植物要想把氮气分子作为营养素吸收，必须把它转变成其他分子，这被称为"**空气中氮气的固定**"。

　　1906年，德国的两位化学家哈伯和博施发明了一种人

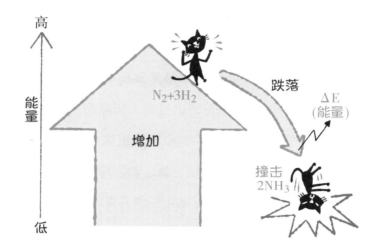

工固定氮气的方法。在400～600℃高温和200～1000个标准大气压高压的环境和催化剂的作用下，氮气和氢气发生反应，生成氨气。后人取这两位科学家的名字，将这种方法命名为"**哈伯—博施法**"。该方法的化学式如下：

$$N_2 + 3H_2 \rightleftharpoons 2NH_3 + 热量$$
（氮气）（氢气）（氨气）

反应在产生氨气的同时，也会产生热量。像这样，伴随反应释放热量（能量）的反应，在化学上称为"**放热反应**"。炭的燃烧反应就是典型的放热反应。

反应产生能量，如同从高高的屋顶上跳下来摔断了骨头。如果从势能高的屋顶跳到势能低的地面上，就会释放出两者能量差的热量。在哈伯—博施法中，最初的原料（氮气和氢气）的能量很大，而反应产生的氨气的能量却很小。随着反应的进行，能量由大变小，能量差以热量的形式释放出来。有一种简易的冷却垫与此类似，一旦反应，就会从周围夺走热量，使温度降低。这又与放热反应相反，被称为"**吸热反应**"。在吸热反应中，生成物比反应物的能量高。因此，当反应进行时，它会从周围吸收能量（热量），降低周围环境的温度。像这种伴随反应而变化的热量叫作反应能量。

📍 化肥的诞生

哈伯—博施法制得的氨气，经过氧化后变成"硝酸"。硝酸进一步与氨气反应形成"硝酸铵"，或者与钾反应形成"硝酸钾"，硝酸铵和硝酸钾都是**化肥**。如果没有化肥，我们就没有足够的食物养活70亿人口。因此，哈

平日用化肥
生产粮食

战时生产火药

卡尔·博施

弗里茨·哈伯

伯与博施可以说是把人们从饥饿中拯救出来的大恩人。

哈伯于1918年因铁催化剂获得诺贝尔奖，博施也于1931年因高压气体化学获得诺贝尔奖。

后来，两人与希特勒意见对立，晚年常借酒消愁，因此，有人认为他们的人生并不幸福。但是，他们所做的贡献对人类社会来说是功不可没的。

> **勒夏特列定律**
>
> 在已达平衡状态的反应中，如果改变反应条件，平衡就会向减弱这种改变的方向移动。

正在进行的反应中，肉眼看不到变化的状态，叫作 **平衡状态**。我们学习的哈伯—博施制氨法，就是在这样的平衡状态下进行的反应。在达到平衡状态的反应中，有一种方法能大量生成我们想要的物质。

📍 发生变化，但却看不见

让我们重温一下哈伯—博施法的化学反应方程式。

$$N_2 + 3H_2 \rightleftharpoons 2NH_3 + 热量$$

请大家注意一下连接方程两边的箭头符号（$\rightleftharpoons$）。这个箭头既向左，也向右，意味着该反应的进行有向左和向右两个方向，我们称为正方向和逆方向。也就是说，氮气和氢气在生成氨气的同时，氨气也会分解为氮气和氢气。像这种既能向正反应方向进行，同时又能向逆反应方向进行的反应，叫作"**可逆反应**"。

可逆反应随着时间会发生怎样的变化呢？首先，氮气和氢气（左边）发生反应，生成氨气（右边），这是向正方向的反应。当氨气的浓度增大后会进行分解，分解为氮气和氢气，这是向逆方向的反应。之后，当氮气和氢气的浓度增大时，又会生成氨气，反复循环。在生成物和反应物"你追我赶"的过程中，双方的浓度都没有发生变化，这就是"化学平衡"。在化学平衡中，我们要注意的是反应仍在进行，只不过我们用肉眼无法察觉而已。

平衡状态并不只存在于化学变化中，我们的日常生活中也有很多这样的例子。例如，日本现在的人口约为1.2亿，但这一数字并不是恒定不变的。每天都会有很多人死

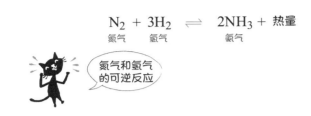

$$N_2 + 3H_2 \rightleftharpoons 2NH_3 + \text{热量}$$

氮气　氢气　　　　氨气

氮气和氢气
的可逆反应

亡，也会有很多新生命来到这个世界。由于死亡人数与出生人数大致相等，达到了平衡状态，这样一来，从整体上就看不出人口发生变化了。

📍 "搞事精"勒夏特列定律

勒夏特列定律指的是在已达平衡状态的反应中，如果改变温度、压强等反应条件，平衡就会向减弱这种改变的方向移动。这么一听，有没有觉得这条定律有点"搞事"的感觉呢？就好比一个败家子将父母辛苦攒下来的钱拿去花天酒地，最后穷得叮当响，一无所有一样。

勒夏特列定律也适用于平衡反应中。以哈伯—博施反应为例，在反应中加热的话，反应就会向吸热方向进行。

如果反应向正方向进行的话会释放热量，但如果向负方向进行的话就会吸收热量。由于勒夏特列定律的捣乱，如果在反应中加热的话，反应会向吸热的方向，即负方向进行。这样一来，好不容易形成的氨气会分解为氮气和氢气。所以，如果想大量生产氨气的话，就不能加热。

另外，往反应容器内加入大量气体、增大压强的话，该反应会向减弱压强的方向，即减少气体的方向进行。由于分子的数量从左边的4个（1个氮气分子+3个氢气分子）减少为右边的2个氨气分子，所以，如果我们想要大量生产氨气的话，需要增大压强。

要数量还是要效率?

经过前面的探讨，我们可以发现运用哈伯—博施法，要想大量合成氨气的话，必须得在高压、低温的条件下进行反应。

但我们也提到了哈伯—博施反应是在400~600℃高温

和200~1000个标准大气压高压的环境下进行的。这既是化学复杂的地方，也是有趣的地方。

温度和压强与反应速度有关。当降低温度时，反应速度会变慢。一般来说，当反应温度低于10℃时，反应速度会变为原来的一半。也就是说室温20℃需要10小时进行的反应，10℃的话就会需要20小时，0℃的话就会需要40小时。

如果坚持效率优先原则，在低温（比如0℃）的条件下进行哈伯—博施反应的话，根据勒夏特列定律，氨气的产量会变得更多。但是与此相对，反应需要的时间会变得非常长，效率会变得非常低。

因此，相比于最终的生成量，哈伯—博施法选择了每小时产量最大这一方案，把反应条件设为"高温"。

03 "超导"驱动磁悬浮列车

超导

在温度非常低的条件下冷却金属、化合物等特定的物质时，电阻忽然变为 0 的现象。

在学校学习电流相关知识时，不知道你是否产生过这样的疑惑：既然电流是电子的移动，那为什么电子从A移动到B时，电流会从B到A呢？

这是因为以前人们规定电流的方向是从正极流向负极，但后来发现电流实际上是电子的移动，其移动方向是从负极流向正极。为了使两种说法不自相矛盾，于是人们规定电流的方向与电子的移动方向相反。

金属是导电性比较好的材料，这源于"金属键"这一化学键的存在。

📍 自由移动的"自由电子"

金属键的特殊之处在于"**自由电子**"这一特殊电子的存在，即金属原子凝聚时会释放出一部分电子，变成带正电荷的金属离子。被释放出来的电子摆脱了原子核的束缚，可以自由移动到其他原子处，因而得名"自由电子"，这也是金属能导电的原因。

阻碍自由电子移动的是"**金属离子**"。如果金属离子静止不动的话，不会产生丝毫影响，但一旦开始移动就会阻碍自由电子的移动，导电性也会变弱。

请大家在头脑中想象一下小学教室中老师在教室里走动的场景，如果孩子们老实地坐在自己位置上的话，老师就能够畅通无阻地通过走道。但如果孩子们伸出手脚阻拦的话，老师就无法通过了。自由电子的移动也是如此。

金属离子的振动运动强度与绝对温度成正比，即温度越高，金属离子的振动运动强度就越大，电流就越难通过；反之，温度越低，金属离子的振动运动强度就越小，电流就越容易通过。

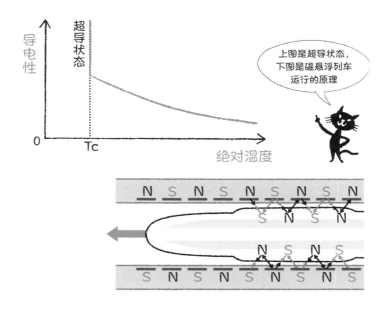

📍 使电阻忽然变为0的温度

从上面这两张图中，我们可以看出，温度越低，电流就越容易通过，导电性也就越高。当温度低至临界温度（Tc）时，导电性会被无限放大，即电阻变为0，这就是"**超导状态**"。

在超导状态下，线圈不发热，能够通过大电流，这使得制造"**超导磁体**"成为可能。例如，超导磁体能避免磁悬浮列车的车轮和轨道间产生摩擦，使列车悬浮于空中行驶。列车悬浮于空中的力、列车向前行驶的力，都来源于超导磁体的巨大排斥力和吸引力。

另外，虽然用X射线无法查看头盖骨内的脑部情况，但运用磁共振成像中的磁感线能做到这一点，在这项技术中也运用了超导磁体。

虽然超导体能给我们的生活带来巨大的改变，但它要求的临界温度过低，给人们出了个难题，即温度不够低，就无法实现超导状态。这个温度要求10K（开式温度，绝对温度的单位）以下，即−263℃以下。要想实现这样的超低温，需要液态氦（沸点4K）。虽然现在氦气的供应国从美国扩大到了卡塔尔、阿尔及利亚等国，但人们还是担心未来氦气不足的问题。

不需要氦气的超导物质是？

科学家们正在研发一种不使用液态氦就能变成超导状

态的物质（高温超导体），如在液态氮等的温度（77K，
-196℃）下也能变成超导体的物质。其实目前已经研发
了好几种这样的材料，其中有一种材料变成超导状态需要
的温度较高，临界温度165K（零下108℃）即可。但很可
惜，它们都是金属氧化物的烧结体，无法用来做线圈，也
无法用作电磁石的材料。

最近，也有科学家进行铁合金的高温超导体研究。在
不久的将来，如能在液态氮的温度下实现超导状态的话，
超导体在生活中的应用也会变得更加广泛。

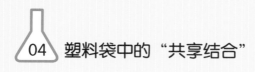

04 塑料袋中的 "共享结合"

共享结合

结合在一起的 2 个原子分别拿出 1 个电子，通过共享电子结合在一起。每个原子的结合次数和结合角度都是一定的。

如果说"高分子"这一名词你没听说过的话，那"塑料袋"你应该很耳熟吧？

塑料袋就是"高分子"。扔垃圾时用来捆绑报纸的塑料绳，装水用的塑料桶，超市的塑料袋等，这些都是由聚乙烯构成的。我们一般将聚乙烯叫作塑料，但其实它是一种高分子。

高分子并不一定都是由人工合成的。淀粉、蛋白质、DNA，这些都是高分子。我们平时可能都没有意识到，其实我们的身体以及我们身边的很多物质都是高分子结构。

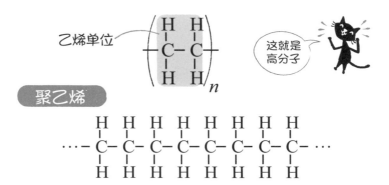

♀ 长长久久、不断连接的"聚××"

上图是聚乙烯这种高分子的结构。括号里面有2个C（碳）、4个H（氢）通过几条细线连接在一起。仔细看的话，我们就能发现H和C分别通过1条或4条细线连接在一起，这就叫"乙烯单位"。乙烯单位是一种"**低分子**（分子数较少）"，但括号外面还有个 n。

这个 n 的意思是"括号内的物质重复 n 次（实际上可以重复成百上千次）"。"**高分子**（分子数较多）"就是这么构成的。

也就是说，"聚××"这种高分子，如果是聚乙烯的话，就由许多个乙烯分子连接在一起；如果是聚苯乙烯的话，就由许多个苯乙烯分子连接在一起。像这样的连接方式就叫**共享结合**，在生物和工业品等有机化合物的结合中十分有名。

"共享结合"中有一重结合、二重结合、三重结合和共同二重结合等许多种类，这也是为什么C有4条细线，H只有1条细线的原因。

📍 为什么关系不好的夫妻没有离婚？

让我们再来认识认识构成人体的高分子结构。"共享结合"构成的最简单的分子是氢分子。氢原子是结构最简单的原子，只由1个原子核和1个电子构成。原子核带正电，电子带负电。如图是氢分子结合在一起的示意图。

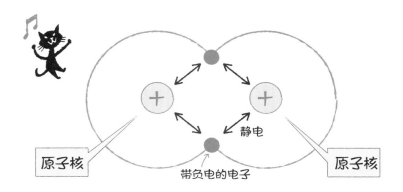

　　由于带正电的原子核之间有着巨大的排斥力，2个氢原子靠近并形成分子本是不可能的事情，但在自由电子的作用下，这件不可能的事情也就变得可能了。

　　2个自由电子位于2个氢原子核中间，带正电的原子核和带负电的电子之间产生了"静电引力"。

　　2个原子核之间的关系就好比关系不好的夫妻为了2个孩子（电子），没有选择离婚，以这两个孩子（电子）为纽带结合在了一起。

　　这就是两个氢原子核连接在一起的原因，也是"共享结合"的力量来源，即通过电子云将2个原子核结合在一起。

📍 通过原子的"握手"了解结合方式

"共享结合"可以理解为原子的握手，握手所用的手叫作"**结合手**"。人在握手时通常只会伸出1只手，但有时为了表达深厚感情时也会伸出2只手。

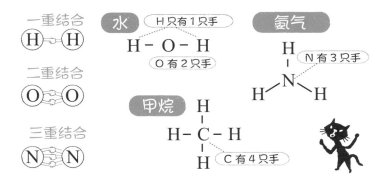

原子间的握手也是如此，但不同之处在于不同原子的结合手的数量是不同的。氢原子因为只有1只手，所以只能伸出1只手。氧原子因为有2只手，可以伸出2只手与1个原子握手，也可以与2个原子同时握手。拥有2只手的氧原子和只拥有1只手的氢原子结合时，只能由2个氢（H_2）、1个氧（O）结合，这就形成了水（H_2O）。

氮原子（N）有3只手。哈伯—博施法生成的氨气

（NH₃）中，氮原子有3只手，氢原子有1只手，位于中央的氮原子与周围的3个氢原子结合。

最近大热的甲烷水合物、在美国大量开采的页岩气、城市天然气等的主要成分甲烷（CH₄），是以拥有4只结合手的碳原子为中心，与4个氢原子结合的分子。

"蒸气压与沸点升高" ——被味增汤烫伤会很严重吗

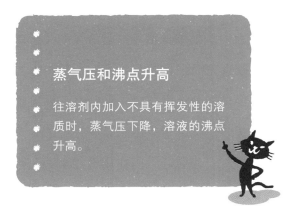
过去人们常说被味增汤烫伤后会很严重，现在听起来可能会觉得有点大惊小怪，但这并不是吓唬人的。日本生物学家野口英世在小的时候，就曾经不小心将锅里的味增汤弄洒到左手上，造成严重的烫伤。

在游泳池里游完泳后的泳衣和在海水里游完泳后的泳衣，你觉得哪件泳衣比较容易干呢？这个问题看似与被味增汤烫伤没有什么关联，其实不然，它们之间大有联系。

跑出去的分子，跑回来的分子

分子间互相吸引，它们之间相互吸引的力叫"**分子间作用力**"。构成味增汤这类液体的分子就是因为分子间作用力的存在而相互吸引，留在了液体中。

但是，分子进行分子运动时需要运动能量。分子间相互碰撞，运动能量集中于某些特定的分子。这样一来，这些分子就会挣脱分子间作用力的束缚，跑到空气中来，这种现象叫作"蒸发"或"挥发"。桌上洒出来的水变干，也是因为这个原理。跑出去的分子中，也有一部分分子在空气中游荡一会儿后，又重新急忙跑回到液体中。

像这样，液体表面充满了跑出去的分子和跑回来的分子，十分热闹。通常情况下，跑出去的分子个数和跑回来的分子个数相等，液体的量不会发生变化，这就是之前我们介绍过的"平衡状态"。

想挥发的分子VS捣蛋的分子

跑到空气中的液体分子叫作"蒸气"，蒸气的分压叫作"蒸气压"。随着温度升高，分子运动变得剧烈，跑出来的分子数也会增多。当然，蒸气压也随着温度的升高而上升。

蒸气压在1个标准大气压下沸腾时的温度叫作"沸点"。当达到沸点时，分子会从液体的表面和内部跑出来变成气体，进行挥发。沸腾状态下的锅底处有气泡冒出也

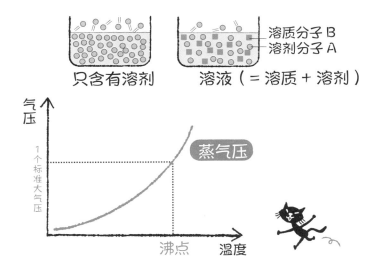

是由于这个原因。

蒸发是分子从液体表面跑出来的过程。因此，分子的分子间作用力强度相同的话，越轻的分子就越容易跑出来（挥发）。

现在我们假设将易蒸发的分子A溶剂和难蒸发的分子B溶质混合，做成一瓶新的溶液。这样一来，溶液表面就会出现分子A和分子B并排的局面。当分子A想要蒸发时，就必须要突破分子B的阻拦。但因为分子B的阻碍，分子A蒸发的量也会变少。

📍 水确实是100℃沸腾，但……

现在，让我们回过头来思考一下开头提到的哪件泳衣容易干的问题。淡水中只有水分子，水分子是一种易蒸发的分子。但海水中混有3%左右的食盐，食盐是一种难蒸发的分子。所以，在海水中游完后的泳衣比在游泳池游完泳后的泳衣更难干。

　　这时你可能会想，泳衣容不容易干和被味增汤烫伤有什么关系呢？别急，我们现在就来揭秘。与普通的水相比，食盐水的蒸气压更高。为了使食盐水的蒸气压与标准大气压保持一致，需要更高的温度。

　　也就是说，普通的水确实会在100℃时沸腾，但砂糖水、盐水和味增汤等液体需要在100℃以上的高温下才能沸腾，这就是为什么我们说被味增汤烫伤后会很严重的原因。

> **摩尔**
>
> 6×10^{23} 个原子或分子的集合体,称为摩尔。1摩尔数值上等于该原子的相对原子质量或相对分子质量,相当于气体体积的 22.4L。

化学中经常会使用"**摩尔**"这一单位。摩尔可能是导致很多人讨厌化学的罪魁祸首,但由于它给人们带来了很大的便利,在化学中使用频率很高。

6×10^{23} 个原子或分子,称为"1摩尔"。1摩尔物质的质量数值上等于该原子的相对原子质量或相对分子质量。

例如,氢的相对原子质量是1,碳的相对原子质量是12,氮的相对原子质量是14,氧的相对原子质量是16,而1摩尔(6×10^{23}个)的氢质量为1g,1摩尔的碳质量为12g。相对分子质量也是同样,如1摩尔的水分子(H_2O)

质量为18g。

通过摩尔，我们能够比较每一个分子的质量。例如，占据空气99%以上的氮气和氧气比为4∶1。由于氮气的相对分子质量为28，氧气的相对分子质量为32，所以空气的平均分子重量为（28×4+32）÷5＝28.8g。

当然，气体也是如此。通过上述分析，我们知道1摩尔（22.4L）的氢气质量为2g。根据我们之前计算得出的空气重量（28.8g）可以判断氢气比空气轻。

比水轻的物体会浮在水面上，比空气轻的物体当然也会漂浮在空气上，因此，充入氢气的气球才会漂浮于空中。但由于氢气是易爆气体，非常危险，所以人们搭乘的热气球通常都是充入氦气等惰性气体，而不会充入氢气。氦气的相对分子质量为4，虽然重量是氢气的两倍，但相比于重量为28.8g的空气来说，还是非常轻的，因而成为热气球中气体的首选。

📍 气体也有重量

因为气体中无色透明的居多，通常给我们一种很轻的感觉，但气体并不全都是轻的。这里说的轻和重，指的是和空气重量的比较，如图总结了比空气轻或重的几种气体。

比空气轻的气体			比空气重的气体		
名称	分子式	相对分子质量	名称	分子式	相对分子质量
氢气	H_2	2	氧气	O_2	32
氦气	He	4	二氧化碳	CO_2	44
甲烷	CH_4	16	丙烷	C_3H_8	44
水蒸气	H_2O	18	臭氧	O_3	48
氰酸	HCN	27	苯	C_6H_6	78
一氧化碳	CO	28			
乙烯	C_2H_4	28			

甲烷是城市煤气中常用的天然气。氰酸（氰化氢）是由氰化钾生成的剧毒，大家在生活中可能不太有机会见到。乙烯是水果的催熟剂，翠绿的香蕉吸收乙烯后能熟得更快。

上图中没有列出的气体，除个别外，几乎都要比空气重。二氧化碳也叫作碳酸气体，是一种有机物燃烧或干冰升华后冒出的气体。

大家都知道一氧化碳是有毒气体，但其实当二氧化碳浓度达到一定值时也会对人的生命安全造成危险。例如，往汽车内装入大量干冰，待干冰升华后，由于车内狭小，浓度过高就会很危险。

比空气重的二氧化碳会沉积在脚底。由于熟睡中的婴儿所处的位置比较低，会比大人更容易遭遇危险。

请大家注意，我们在露营中用作燃料的丙烷也是比空气重的。早上起来时，如果丙烷气体发生泄漏的话会很危险，就算打开窗户，比窗户位置低的丙烷气体也会沉积在室内。如果没发现发生泄漏就点火抽烟的话，很可能会引发爆炸，所以说气体的重量也是非常重要的知识。

⚲ 1kg的石油燃烧后会产生多少二氧化碳？

了解气体的重量，对于认识全球变暖也是很有帮助的。气体引发全球变暖的能力，可以通过全球变暖系数来估计。氟利昂的系数为几千到1万，甲烷的系数为20多，而二氧化碳的系数最低，仅为1。该系数是以二氧化碳为基准计算的，所以二氧化碳的系数为1。这时你可能会觉得有点奇怪：明明二氧化碳导致全球变暖的能力那么低，为什么还会成为众矢之的呢？这其中最大的原因就是二氧化碳的量实在是太多了！

接下来让我们一起来计算石油燃烧后会产生多少二氧化碳。我们假设燃烧一桶20L的石油，20L石油的密度为0.79，相当于16kg。

石油的构造准确来说是H—$(CH_2)_n$—H，在这里，我们姑且将其简略为$(CH_2)_n$。1分子的石油燃烧会生成水和n分子的二氧化碳。

$$(CH_2)_n + O_2 \rightarrow nCO_2$$

$$14n \qquad\qquad 44n$$

再来看一下燃烧前后分子质量的变化。燃烧前石油的分子质量为$14n$，燃烧后生成的二氧化碳的分子质量为$44n$。这就是石油燃烧前后的重量变化，即每燃烧14kg的石油，都会产生44kg（将近3倍）的二氧化碳。燃烧20L的一桶石油，会产生50kg的二氧化碳，这相当于一名成年女性的体重。如果燃烧10万吨石油的话，就会产生30万吨的二氧化碳。

通过上述例子，我们发现燃烧碳元素会产生大量的二氧化碳，其中二氧化碳大多来自化石燃料的燃烧。

通过学习这些化学知识，在应对燃气泄漏或全球变暖时，我们就能通过具体的数据来思考可行的解决办法了。

07 "亨利定律"——为什么打开可乐的盖子会有气泡冒出

亨利定律

溶解在一定量的液体中的气体质量与压强成正比。

　　在日常生活中，我们发现砂糖和食盐溶于水，而色拉油和黄油则不溶于水。这两者的差异是由什么原因造成的呢？

　　你可能立马会想到：这是因为砂糖和食盐与水性质相近，而色拉油和石油与水性质不相似。这是根据性质相似的物质相溶，不相似的物质不相容的原理来考虑的。

📍 性质相似的物质相溶

同为液体的石油和色拉油与水性质不相近，而固体的砂糖和食盐却与水性质相近，这又是为什么呢？

这里的性质相近或不相近，既不是通过形状，也不是通过味道和气味来判断的，这与分子结构有关。水的分子结构为H—OH，由氢原子和氢氧根（—OH）结合而成。另外，在水的离子结构中，氢原子带正电，氧原子带负电。因此，水的性质可概括为：①有氢氧根；②离子结构。

固体的食盐是由Na⁺阳离子和Cl⁻阴离子构成的离子型分子。由于食盐和水同为离子型分子（②相同），性质相似，所以食盐能溶于水。

砂糖与水的性质也相似。乍一看砂糖是有机物，与无机物的水并无相似之处。但是我们观察砂糖的分子结构后就会发现，一个砂糖分子多达8个氢氧根（①相同）。这就是为什么砂糖与水的性质相似，能溶于水的原因。

再来看石油的情况。石油仅由碳和氢构成，既没有氢氧根原子团，也不属于离子结构，所以石油不溶于水。

用来说明"性质相似物质相溶"的最好例子是金。金除了溶于王水（硝酸和盐酸按1：3比例调配的混合物）外，也溶于金属。金溶于水银（液态金属），生成汞合金这种黏糊糊的物质。但汞合金并不是溶液，而是合金的一种。

🔖 日本酒是酒精的水溶液？

制作溶液时，溶解的物质叫作"溶剂"，被溶解的物质叫作"溶质"。往水里加砂糖时，水为溶剂，砂糖为溶质。

砂糖和食盐是具有代表性的溶质，但溶质不一定都是固体，也可以是液体。但在这种情况下，由于双方都是液体，很难知道到底是谁溶解谁，所以我们规定量多的液体为溶剂，量少的液体为溶质。这样的话，就容易理解多了。

例如，酒精度数为15度的日本酒中，体积的15%是酒精，85%是水。这时，水为溶剂，酒精为溶质，我们可以说日本酒是酒精的水溶液（虽然这么一说，酒就变得无趣了）。

度数高的酒，比如70度的伏特加，体积的70%是酒精，30%是水。这时情况则相反，酒精是溶剂，水是溶质，变成了"水的酒精溶液"。

📍 气体的压强越大，溶解度就越高

既然砂糖和盐等固体能溶于水，酒精等液体也能溶于水，那气体是不是也能溶于水呢？

恭喜你猜对了。像可乐等碳酸饮料中就溶解着大量的二氧化碳，就连普通的水中也溶解着空气，你一定没想到吧？鱼就是通过溶解于水中的氧气来进行呼吸的。

温度越高，砂糖等固体在水中的溶解度就越大。但气体则与之相反，温度越高，溶解度就越小。因此，水的温度越低，溶解的空气（氧气量）就越大；温度越高，溶解的氧气量就越少。这也是为什么每到夏天，池塘里的鱼大量死亡的原因之一。

气体的溶解度不仅受温度影响，还与压强有关。人们将"**溶解在一定量的液体中的气体质量与压强成正比**"归纳为"**亨利定律**"。

打开碳酸饮料瓶盖时会有泡沫冒出也是这个原因。瓶盖未被打开时，瓶内的压强很大，水中溶解着大量的二氧化碳。但是当打开瓶盖时，瓶内的压强忽然变为1个标准大气压，压强变小，此时水不能溶解那么多的二氧化碳，于是二氧化碳就变成气泡冒了出来，之前的努力也都付诸东流了。

兴登堡号飞艇与氢气

　　1937年在美国纽约的莱克赫斯特机场，发生了一起震惊全人类的爆炸事故。发生爆炸的是从德国出发横跨大西洋的大型飞艇兴登堡号。据说当时不幸遇上了雷雨天气，飞艇被系留索牵引着，乘客们正打算从升降机处降落到地面上时，尾翼附近忽然发生了爆炸，整架飞艇瞬间着火坠落。该爆炸共造成35名乘客（共97人），1名地勤人员，共计36人死亡。

　　兴登堡号的骨架由铝合金制成，飞艇表面是棉质的蒙皮，中间充满着很轻的气体。你一定想不到的是，里面的气体居然是氢气！现在想想都后怕。氢气是一种极易爆炸的气体，哪怕遇到静电、闪电或一丁点火星都会发生爆炸。

　　像这样的事故在今天是绝对不可能发生的，因为人们乘坐的飞艇里一般都是充入不易发生反应的氦气，不会充入氢气。

那为什么当时人们没往兴登堡号里充入氦气呢？据说这是因为当时的德国不生产氦气，他们虽打算从美国购买，但却遭到了拒绝。

当时的德国处于希特勒纳粹党的统治下，据说还进行了原子弹的开发实验。美国可能是担心为德国提供氦气这种超低温媒质会促进德国的原子弹开发工作，所以才拒绝的。

第2章

孕育科技的化学

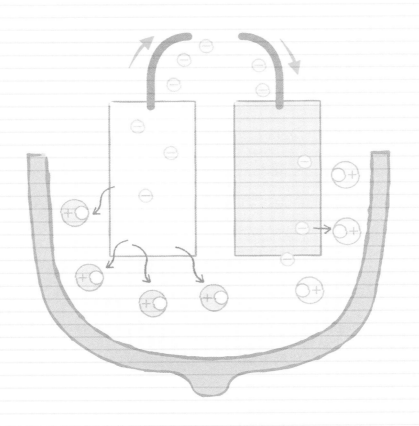

光电效应

在光的照射下，某些物质内部的电子吸收能量后逸出表面而形成电流，即光生电。

　　"3·11"东日本大地震发生后，日本国内核能发电受到重创。与此相对，人们十分追崇自然能源发电。其中，风力发电和地热发电成为替代能源，太阳能发电备受瞩目。

　　太阳能发电指的是半导体在太阳光的照射下，将太阳能转变为电能的发电方式，这种现象叫作**"光电效应"**。

　　在日常生活中，打开电灯开关，房间就变得明亮起来，即电能转化为光能。与之相反的，即光能转化为电能，正是太阳能发电或太阳能电池背后隐藏的原理。

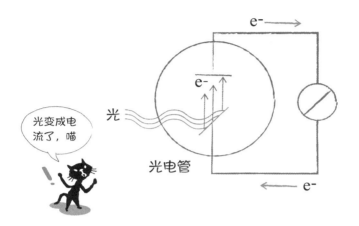

📍 在光的照射下就能形成电流

如上图是光电管的模型图。光电管广泛用于以前的有声电影中，发挥着重要作用。就算是现在，光电管也广泛运用于光传感器中。光传感器是一种将光能转化为电能的装置，即太阳能电池的原型。如下图所示，受光元件在光的照射下形成电流，这意味着电子从受光元件逸出，形成电流，即光能转化为了电能。

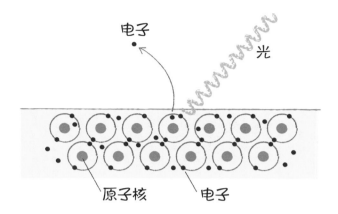

爱因斯坦对光电效应进行了分析，提出：①光是由光子这一粒子构成的；②光的亮度与光子数量成正比（光量子假说）。

爱因斯坦提出光子假设，成功解释了光电效应，获得了1921年诺贝尔物理奖。说个题外话，众所周知，爱因斯坦提出了相对性理论这一世纪大发现，但他为什么是因为光电效应，而不是因为相对性理论获得诺贝尔奖的呢？在这背后有诸多说法。有一种说法认为相对论理论的发现过于伟大，但当时谁都没有将其与诺贝尔奖联系在一起。由于时机已过，后来就以他在光电效应上的成就颁给了他诺贝尔奖。除此之外，还有对犹太人的种族歧视，怀疑相对性理论对人类是否有贡献等说法。

📍 太阳能电池的前景

除了光电管外，太阳能电池也能把光能转化为电能。太阳能电池的种类很多，一般常见的有以硅为原料的硅太阳能电池。

硅在元素状态下有着半导体的性质，是一种天然的半导体，但由于传导性低，在用于制作太阳能电池时通常会掺入少量其他元素。根据掺入的元素不同，可分为P型半导体（掺入硼）和N型半导体（掺入磷）。

硅太阳能电池由透明电极、N型半导体、P型半导体和金属电极等部分构成。两种半导体的接合面叫作PN结。太阳能电池在光的照射下，电子会从PN结逸出，移动至电极处形成电流。

太阳能电池有诸多优点。看太阳能电池的结构我们就能发现，其中没有可以移动的部件。因此，太阳能电池不容易发生故障，也不需要维护。

太阳能发电不需要耗费能源。像人造卫星、无人灯塔等人烟稀少的地方都可以使用太阳能发电。

除此之外，太阳能发电不会产生废弃物，是一种十分绿色的发电方式，在屋顶或墙壁等光能照射到的地方都可以发电，可谓是能源的自产自销。

但是太阳能发电也有缺点。首先，受天气影响极大。在阴雨天太阳能的发电效率不高，在高层建筑的内部也很难发电。

其次，单位面积的发电量过少。这样一来，大规模发电就需要很大的面积。这个问题有待通过提升太阳能电池

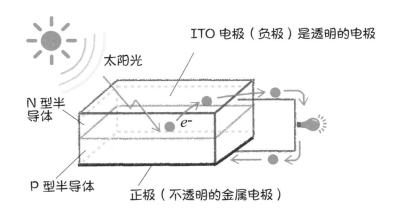

的性能来解决。

光能转换为电能的能力叫作"转换效率"。现在民用太阳能电池的转换效率一般都不足20%。

但是据说如果研发出运用量子点的太阳能电池的话，未来的转换效率有望达到60%。现在也有人正在研发不需要PN结的新型太阳能电池，希望能早日实现。

物质的三种状态

物质在低温时为固体，高温时为
气体，常温时为液体。

在高山上用火煮饭时，米煮不熟的话会很难吃，但是
为什么用高压锅煮出来的饭那么好吃呢？在这两种煮饭方
式中，水都有沸腾，为什么煮出来的饭差距会那么大呢？
另外，滑冰选手的脚底也没有抹润滑剂，为什么他们能在
冰面上翩翩起舞呢？冷冻干燥又是怎么实现的呢？

上述现象似乎并不存在什么关联性，但它们的背后却
都有着温度和压强的影响。接下来先来看一下改变压强，
让水沸腾会发生什么变化吧。

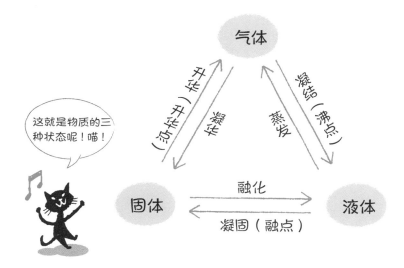

♀ 物质变为三种状态

物质在不同的温度和压强下有很多种状态，其中固体、液体和气体是最典型的状态，被称为 "**物质三态**"。改变物质状态的温度是一定的，都有着各自的名字。

物质是无数个分子的集合体。分子的集合状态不同，物质的状态也就不同。固体（结晶）状态下，分子的位置和方向是一定的，整齐地叠加在一起。即使分子发生振动，重心也不会移动。

液体状态下，所有的规则消失，分子能够自由移动。但是由于分子间距没发生改变，液体密度和固体密度相同。

一旦物质状态变为气体，分子以每小时数百米的速度运动，分子间距变得非常大，相对应，气体的密度就变得非常小。

● 物质状态变化图

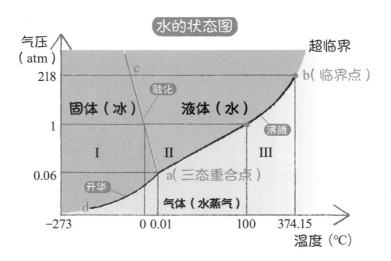

"**状态图**"可以显示物质在压强P和温度T下所处的状态。在不同的温度和压强下，Ⅰ部分为固体状态，Ⅱ部分为液体状态，Ⅲ部分为气体状态。

如果说上图的曲线划分了物质的不同状态的话，位于线上的点就分别处于几种状态并存的情况，即a、b两点表示水和水蒸气共存的沸腾状态，a、c两点表示融化状态，a、d两点表示升华状态。

a点被称为"**三态共存点**"。温度和压强处于a点时，同时存在"冰""水""水蒸气"这三种状态。这就好像是酒杯中沸腾的水一样，在日常生活中不会发生，只存在于0.06个标准大气压的真空状态。

📍 气压较低时，即使低温水也能沸腾

从状态图中，我们可以发现在1个标准大气压时，水于0℃融化，100℃沸腾。当气压低于1个标准大气压时，沸点会降低。所以当水达到沸腾状态时，无论怎么加大火力，

温度都不会高于沸点，剩余的热量会蒸发掉。

　　这也是在高山等气压低的地方饭煮不熟、煮不好吃的原因：还没到100℃时，水就已经沸腾，温度没有超过沸点。如果我们在高温条件下用高压锅煮沸的话，就连鱼骨头也能变得很软。

　　压强高于1个标准大气压的话，水的融点会降低，即0℃时水不会结冰。在冰面上滑冰时，人的体重增大了冰刀刃下的压强，使得冰的融点降低，化成了水，就像涂了润滑剂一样。另外，冰刀刃和冰之间摩擦生热也会使冰融化。

📍 液体和气体的中间状态

　　曲线ac和ad会一直沿着温度零度的纵轴延伸下去，但曲线ab在b点就结束了，b点被称为**"临界点"**。

　　如果超过临界点后继续提高温度和增大压强的话，水不会沸腾。简单来说，这时的水处于液体和气体的中间状态，同时具备液体的黏度和气体剧烈的分子运动。这种非常神奇的状态叫作"**超临界状态**"。

超临界状态下的水能溶解有机物，同时还能充当氧化剂，常用作有机反应的溶剂。由于超临界状态的水能取代有机溶剂，这样一来就减少了废液的产生，对环境十分友好，备受青睐。

冷冻干燥的秘密

当温度升高时，干冰会直接变为气态的二氧化碳，而不是变为液态，像这种固体和气体之间的直接转化称为"**升华**"。在状态图中，我们可以发现，在三态共存点的温度和压强状态下，水会发生升华，即直接变为气体。

冷冻干燥就是利用了这一原理。不用加热食物就能脱水干燥，在保证食物味道的同时制作成干燥食品。

非晶体和液晶

像液体一样的不规则结构，处于液体和固体的中间状态。

经过上一节的学习，我们已经知道物质有固体、液体、气体这三种状态。但除了这三种状态外，是否会存在第四种状态呢？

答案当然是肯定的，第四种状态就是液晶、非晶体。液晶广泛运用在我们生活中的液晶电视、液晶显示器等设备中，就连公交车上的广告都是通过液晶屏幕播放的呢！

就像结晶状态的水和液体状态的水性质大不相同一样，同一物质在不同状态下性质会发生很大变化。因此，使物质变为液晶态或非晶体状态，很有可能会挖掘出很多意想不到的功能。出于这个原因，物质第四态的研究受到了工业方面的青睐。

⚲ 迟钝的非晶体状态

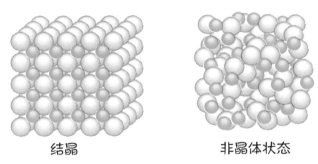

结晶　　　　　　　　　非晶体状态

冰加热到达熔点时就会融化，水冰冻后达到凝固点就会结冰，这都是因为里面的水分子足够"聪敏"。这就好像是上课时安静地坐在自己位置上的小学生（结晶状态），下课铃一响就变得吵闹不堪（液体状态），但上课铃一响又赶紧快速地回到自己的位置一样（结晶状态）。

水晶也是这样的吗？水晶是二氧化硅的结晶，加热到1700℃时才会熔化变成液体。但是冷却之后，却变成了玻璃，而不是原来的水晶。

冷却后不能变回水晶的原因是因为二氧化硅分子的运动太迟钝了，即便到了凝固点，也不能变回原来的状态。在分子磨蹭的这段时间里，温度下降，失去了运动的能量，当场就轰然倒下，所以说玻璃是二氧化硅在液体状态下的凝结物，这种状态叫作"**非晶体**"

金属是微结晶的集合体，是一种结晶状态。但是金属变为非晶体状态后，耐氧化性增强，也有可能会产生磁性。日本传统的强力磁铁中，需要加入稀有金属和稀土元素，但由于这些金属和元素比较稀缺，如果我们能够用非晶体状态的金属制作磁铁的话，就能够解决这方面的

状态		结晶	柔软性结晶	液晶	液体
规则性	位置	○	○	×	×
	方向	○	×	○	×
排列图					

4 种状态下的分子排列

问题了。

虽说如此，但金属极易结晶化，将金属变为非晶体状态非常困难。不过最近人们开发了一种使用合金来制造块状非晶体金属的技术。这对产业界来说，是一种非常有前景的材料。

📍 液晶和鳉鱼群几乎一模一样

液晶被广泛运用在手机屏幕和显示器上，是我们日常生活必不可少的一部分。但是我们要注意的是，"液晶"不是一种物质的名称，而是和结晶、液体一样，是一种"状态"。

液晶状态的分子有着液体分子的流动性，可以四处移动，所有分子都朝着一个方向排列，十分整齐。这就好像是为了不被水流冲走的鳉鱼群一样，逆流而上。

当然，并不是所有物质都存在液晶状态。只有部分特殊分子在一定温度范围内的状态，才叫作液晶状态。有时我们也将这类特殊的分子叫作液晶分子。液晶分子一般呈绳状的长分子结构。

如图是加热物质时的状态变化图。普通分子低温时为结晶，融化时变为液体，达到沸点时变为气体。

液晶分子在低温时也为结晶，达到熔点后也会融化，但却不会变成液体。虽然有着像液体一样的流动性，但却没有液体的透明性，这种状态叫作"液晶状态"。液晶状态是一种只在"熔点——透明点"这一温度范围内出现的特殊状态。继续加热，温度达到透明点时，会变成透明的液体；温度达到沸点时，会变成气体。因此，在零下几十度的严寒下，手机屏幕有可能会发生冻结。

04 LED 和有机 EL 发光的自发光原理

自发光原理

电子从激励状态变回基底状态时，
释放出来的能量变成光的现象。

　　荧光灯和白炽灯的时代已经结束，现在已经是LED垄
断全球照明市场、有机EL与液晶争夺电视机霸权的新时代
了。在这两个领域，日本的研究者们做出了巨大的贡献。

📍 位于高层的电子

　　太阳能电池、LED、有机EL十分相似，它们的发光现
象都是电子在轨道间跃迁时吸收、释放能量的过程。

　　无论是原子还是分子、粒子都带有电子，电子位于"轨道"这一房间中。这一房间位于一栋建筑中，里面有很多种类的房间，既有位于高层的，也有位于底层的。低轨道的轨道能量低，高轨道的轨道能量高。正常状态下的电子处于低轨道，这时的电子处于能量较为稳定的**基底状态**。

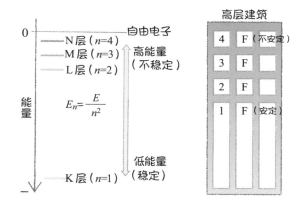

📍 散发热量，还是释放光芒?

　　当有能量注入原子和分子中时，电子会接收这部分能量，用于向高轨道的移动（跃迁），这时的电子处于高能量不稳定的"**激励状态**"。

之后，电子会从不稳定的激励状态变回原来稳定的基底状态，这时多余的能量会被释放出来，以热能的形式释放出来就是发热，以光能的形式释放出来就是"**发光**"。当能量较小时，发出来的光为红色，能量较大时发出来的光为蓝色。

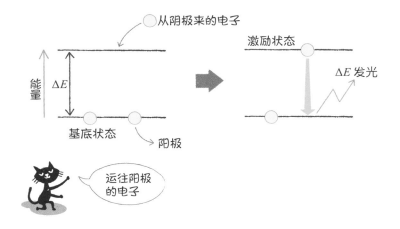

LED为什么会发光？

LED和太阳能电池构造相同，都是由N型半导体和P

型半导体构成的PN结、透明电极和金属电极构成的。在前面，我们提到过LED从激励状态变回基底状态时会释放光（能量）。LED使电子达到激励状态的方法十分巧妙，即阳极从低能量轨道拿走电子，阴极往高能量轨道运送电子。这样一来，就使电子变为激励状态，释放出光能。

人们很早以前就发明了LED，但LED的光的颜色却十分有限。人们在1962年发明了红色LED，1972年发明了黄色LED，后来又发明了黄绿色LED，这样一来就只剩下蓝色LED没被发明出来。因为通过色光三原色（红、绿、蓝）的组合，不仅能产生白色光，还能制造出自己喜欢的

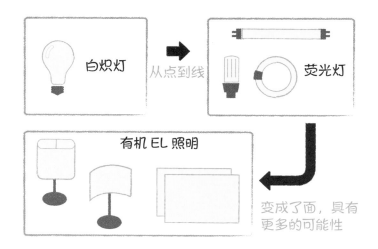

颜色的光。

直到20世纪90年代，蓝色LED才开始迈入实际运用阶段。日本名城大学教授赤崎勇、名古屋大学教授天野浩和美国加利福尼亚大学教授中村修二用氮化镓（GaN）发明了蓝色LED，于2014年获得了诺贝尔物理学奖。

📍 屏幕可以任意弯曲的有机EL

有机EL与LED的发光原理相同。两者较大的不同之处在于，LED中使用的是无机半导体材料，而有机EL中使用的是有机物。

有机EL是液晶电视的强劲对手。从轻薄电视机的角度考虑，有机EL可以做到轻薄如纸，这是因为有机EL没有液晶电视的背光板和液晶板。由于液晶不具备自发光条件，需要背光板。而有机EL是自发光，不需要背光板。另外，由于有机EL中不发光（黑色）部分不需要通电，十分节省能源。

　　有机EL的另一个明显特征是，如果使用导电高分子材料做电极的话，可以制造出可任意弯曲的屏幕，甚至还可以制造出卷帘式的屏幕。如果在自行车的表面装满屏幕的话，车身就会充满绚丽的迷彩色。如果在人身上贴满这样的屏幕的话，人也能像变色龙一样变色了。

　　在照明方面，有机EL也有可能成为LED的竞争对手。这是因为灯泡和LED是点照明，而有机EL是一种前所未有的面发光体。目前，只有有机EL是完全的面发光体。

　　此前蓝色LED获得的是诺贝尔物理学奖，如果有人能凭有机EL获得诺贝尔奖的话，那一定是诺贝尔化学奖。日本人在有机EL领域上有众多杰出的研究，期待他们能取得更大的成就。

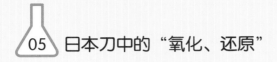

05 日本刀中的"氧化、还原"

> **氧化、还原**
>
> 当一种物质和氧气发生反应时，我们称该物质被氧化了。与此相对，当一种物质中的氧元素被分离出来时，我们称该物质被还原了。

　　"氧化"这一现象在日常生活中随处可见，比如说时间长了铁钉会生锈。这是铁和氧气发生反应的结果，即铁被氧化了。

　　在燃气炉点火，以火为媒介，天然气（甲烷）与氧气结合，生成二氧化碳和水。在反应过程中，水受热蒸发，变成了水蒸气。我们肉眼可能很难察觉到，但天然气其实是被氧化了。我们平时只是没有留意，在我们的生活中像这样的氧化例子比比皆是。

　　你可能没听过"还原"一词，但它离我们的生活非常近，并不是什么稀罕物。因为铁被氧化的同时，氧气就被还原了。燃烧天然气时，氧气也就还原了。所以说，氧化和还原是同时进行的。

📍 氧化和还原是氧元素的转移

氧化和还原是一组能运用到很多反应中的概念，一般来说我们将其理解为氧元素的转移就好了，即

·物质A获得氧元素，被氧化；

·物质B失去氧元素，被还原。

所以，碳与氧气反应（碳获得氧元素）生成二氧化碳的反应中，碳被氧化了。而氧化铁失去氧元素变为铁的反应中，氧化铁被还原了。我们将这种从金属氧化物中提炼金属的步骤称为"**冶炼**"，这也是氧化还原反应的一种。

在铁的冶炼中，需要用碳将氧化铁还原。以前日本是使用木炭，脚踏大风箱，往炉子里送入空气，这种冶炼方法叫作大风箱冶炼法或大风箱吹气法，现在锻造日本刀时

也还在使用这种方法。

现在冶炼铁的方法一般都是瑞典式的方法，主要使用碳干馏后的焦炭来冶炼。但不论是大风箱冶炼法还是瑞典冶炼法，它们的反应式都是一样的：

氧化铁 + 碳 → 二氧化碳 + 铁

在上述反应中，氧化铁失去了自身的氧元素，变为了铁，即氧化铁被还原了。与此同时，碳获得了氧元素，变成了二氧化碳，即碳被氧化了。所以说，氧化和还原是同时进行的反应，一种物质在被氧化的同时，另一种物质就被还原了。

♥ 氧化剂和还原剂

在上述反应中，碳获得的氧元素是氧化铁失去的氧元素，即氧化铁把氧元素给了碳并使之氧化。像氧化铁这样能够氧化的物质，叫作"**氧化剂**"。与此相对，碳从氧化铁处夺走了氧元素并使之还原。像碳这样能够还原的物质叫作"**还原剂**"。

在反应中，作为氧化剂的氧化铁被还原了，而作为还原剂的碳被氧化了。像这样，在化学反应中氧化剂被还原，还原剂被氧化。

如果我们单纯用文字来记忆这组关系的话，大脑可能会很混乱。不妨来看下面这张图，将这组关系理解为A和B之间的送礼。假设这份礼物是氧元素。送出氧元素的A能氧化B，所以说A是氧化剂。A把氧元素给了B（氧元素被B夺走），A自身被还原。而B自身为还原剂，从A处得到（夺走）氧元素，被氧化。

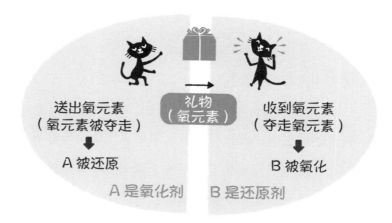

在描述氧化、还原、氧化剂和还原剂中经常会出现各种术语和句式。如果我们一味关注这些文字描述的话，可能会有点晕头转向，但如果我们只把它看作是礼物（氧元素）转移的话，就容易理解多了。

金属的活动性

在酸等电解质溶液中，金属变为离子的相对容易程度。将金属的活动性从大到小排列可得到金属活动性顺序。

日本是地震频发的国家，很多人家中都准备有干电池。虽然发电站会把电输送到每家每户，但万一遇到停电，干电池就能派上大用场了。但你有没有想过，为什么容量这么小的干电池却能够发电呢？

这其中的原理叫作**"金属的活动性"**。干电池中有两种不同种类的金属，人们利用这两种金属的活动性强弱差来发电。干电池凸起来的部位为正极，有点凹下去的部位为负极。一般来说，负极是金属活动性较强的金属，正极是金属活动性较弱的金属。

另外，再告诉你一个秘密：两种金属的活动性强弱差越大，干电池的电压也就越大。

♀ 易变为阳离子的金属，难变为阳离子的金属

将某种金属放入稀硫酸中，发现金属溶解了，这表明金属变为了"**阳离子**"。但是不是任何金属都会溶解，也有不溶于酸的金属。不同金属，变为阳离子的难易程度各不相同。

金属活动性顺序

大　K Ca Na Mg Al Zn Fe Ni Sn Pb (H) Cu Hg Ag Pt Au
　　钾 钙 钠 镁 铝 锌 铁 镍 锡 铅 氢　铜 汞 银 铂 金

我们通过各种金属的组合实验，就能发现不同金属变为阳离子的难易程度。金属变为阳离子的性质和倾向叫作"**金属的活动性**"，将活动性从大到小排列可以得到如上的排序。

金属的活动性顺序对中学化学考试来说至关重要。有

很多种记忆方法，其中最为广为流传的是"嫁给那美女，身体细纤轻，统共一百斤"。在金属活动顺序中，金位于末尾，从这儿我们也能够看出金是多么不溶于酸。

金属的活动性顺序受实验条件，特别是溶液浓度的影响。当实验条件发生改变时，金属的活动性顺序也会随之发生变化，所以也有人说光记住这个顺序是没有用的，但在面对各种电池时，这个顺序能为我们提供一个清晰的方向，记着会很方便。

我们提到了电池的相关内容，正好趁这个机会向大家介绍一下人类是如何创造出电池的。让我们一起来寻着这个足迹，加深我们对金属活动性的理解吧！

电的发现

据说人类最早发现电是在意大利动物学家伽伐尼利进行的**青蛙解剖实验**和美国科学家富兰克林的**莱顿瓶实验**。

富兰克林的实验是在电闪雷鸣的天气下，往天上放风筝，并将线的一端连接莱顿瓶，收集闪电。这个实验证明了闪电是一种电，但现在看来有点像自杀行为。

伽伐尼利的实验中，将死青蛙的一条腿固定住，在用刀切割时发现青蛙的腿动了一下。当时的人们认为死青蛙的腿肯定是在什么力的作用才动的，这为后来发现电提供了一个契机，所以说科学正是观察和想象的游戏。随后，伽伐尼利的朋友伏打在这个实验的启发下，发明了人类首个电池。

人类首个电池——伏打电池

现在让我们来重现一下1800年伏打电池的发明过程吧。往烧杯中加入稀硫酸溶液，随后插入铜片和锌片作为电极，中间用导线连接，这样一个电池就做好了。为了确认是否有电流产生，再在线路中加一个小灯泡。

连接整个电路后，我们发现小灯泡亮了一会儿后就熄灭了。在这个简易电池中，虽然小灯泡只亮了一会儿，但这足以证明电流的存在以及电池的正常运作。

你知道伏打电池中发生了什么吗？金属活动性强的锌变为锌离子，溶解在溶液中时，释放出来的电子留在了锌片上，电子依次流过锌、导线、铜，小灯泡发光证明电子移动形成了电流。

📍 制作柠檬电池

伏打电池的原理是活动性不同的两种金属之间相互传递电子。像这样的金属组合有很多，像稀硫酸一样能导电的液体（电解质溶液）也很多。因此，伏打电池有很多种类，在科学博物馆的"暑期儿童科学实验"中经常能看到它们的身影，其中最具代表性的是"**柠檬电池**"。伏打电池的材料主要是铜、锌、稀硫酸（电解质溶液），而柠檬电池的材料是铜、锌、柠檬汁（电解质溶液），又或者是铝箔、铅、柠檬汁（电解质溶液）或铝片、铜片、柠檬汁等。用导线连接上述两种金属，柠檬伏打电池就大功告成了，小灯泡也能发光了。

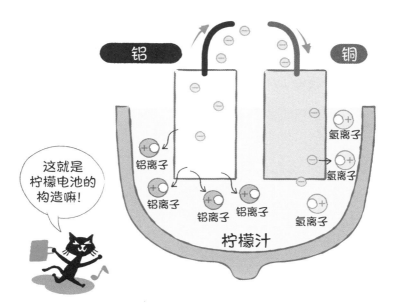

有人说早在2000多年前人们就发明了电池。仔细想想这一说法也有可能是正确的，因为电池的构造非常简单，只要往壶中倒入葡萄酒（电解质溶液），再插入锌棒和铜棒，葡萄酒电池就做好了。锌和铜是青铜的原料，早在2000多年前就已经存在了。

问题在于当时的人们是如何使用电池的。小灯泡和马达之类的肯定是不可能的了，有可能是用于占卜。

　　例如，人们判断某人是否真的盗窃时，使用占卜来判断他是不是真的犯人。审判者威胁道："如果你是犯人的话，神就会把你的舌头给割下来！"然后用金属棒（电极）触碰嫌疑人的舌头……忽然间觉得生在现在这个时代真是一件幸福的事。

电解

对化合物施加电压的化学分解方法。金属的电解为冶金、精炼。

阿波罗13号这一美国的宇宙飞船在驶向月球的途中，氧气罐突然发生了爆炸。船内的3名宇航员同时失去了大量驱动飞船行驶的"电"和生存必需的水，陷入了难以返还地球的绝境中。这一事件后来被搬上荧屏，由汤姆·汉克斯主演，相信大家都比较了解事件的来龙去脉。

但是我们很多人可能遗漏了一些问题，比如为什么氧气罐发生爆炸，电和水就会不足……这其实和电解有关。

一般说到电解，都会以水为对象进行说明。

氢气 + 氧气 → 水 + 电

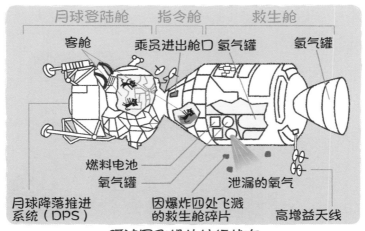

阿波罗飞船的航行状态

这样一来你明白了吧。阿波罗13号需要的电和宇航员需要的水，都是通过飞船中的氧气罐和氢气罐来供给的，所以氧气罐发生爆炸的话，水和电就都无法生成了。

尖端科技最初运用在航天领域，之后会逐渐在人们的生活中普及。目前电动汽车中运用的是电解的逆反应。

📍 通过电解水获得能量

除此之外，水的电解也运用于诸多方面。在人造卫星等宇宙空间和潜入深海的潜水艇等没有氧气的地方，可以通过电解水来获得氧气。在这些没有氧气的空间为人提供氧气，电解水是最好的方法。

在电解水的反应中生成的氢气可以用作氢气燃料电池的燃料，或者是通过燃烧氢气获得热能。其实30多年前，日本的城市燃气用的就是氢气。在高温状态下的碳与水的反应中，水与碳发生反应生成氢气和一氧化碳。氢气燃烧生成水并放出热量。一氧化碳燃烧后生成二氧化碳，也放出热量。由此可见，氢气和一氧化碳都能用作燃料。

▼ 通过电解连金属都能提炼出来

从矿石中提炼出金属这一过程叫作**冶金**或**熔炼**，这其中也运用到了电解。铝和硅是通过电解和熔炼得到的代表性金属。

铝在地壳中的含量仅此于氧、硅元素，位于第三，是含量最高的金属元素。但尽管如此，人类首次揭开铝的神秘面纱却是在19世纪中期以后。

与铝相比，铜、锌、锡、铁、铅以及金和银在地壳中的含量都比较低，但人们最初利用的却是这些含量较低的金属，一直没能利用含量最高的铝。

这是因为19世纪以前，人们无法从铝矿石中单独提取出铝。现在铝的提取都是通过电解来进行的。由于这个过程需要消耗大量的电能，所以铝被称为"**电罐头**"。硅是半导体的原料，在很多石头中都含有这一元素，在地壳中的含量仅次于氧，位居第二。由于硅和铝一样都是要通过电解才能提炼出来，这对电力资源短缺且昂贵的日本来说非常不划算。

痴迷于铝的拿破仑三世

19世纪中叶，拿破仑的侄子——拿破仑三世是为促进铝的使用做出巨大贡献的人。他对铝非常痴迷，总是向他人宣传铝的美丽。

在皇帝举办的晚宴上，众位大臣的面前摆的是耀眼的昂贵银食器，而皇帝和皇后面前摆的却是铝食器。当时流传着这样一条形容铝的话语："比牛奶还白，比羽毛还轻。"这些都足以证明当时铝的珍贵。

除此之外，据说拿破仑三世当时还想给自己直属的近卫兵团每人做一套铝铠甲，但由于当时的技术不发达，无法大量生产铝，再加上预算的问题，只好作罢。现在想想，如果近卫兵团真的穿着轻薄的铝铠甲上战场的话，恐怕几条命都不够丢了吧。

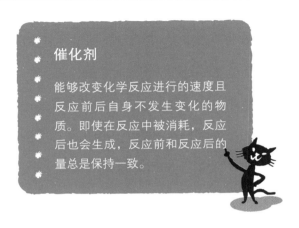

催化剂

能够改变化学反应进行的速度且反应前后自身不发生变化的物质。即使在反应中被消耗，反应后也会生成，反应前和反应后的量总是保持一致。

提起催化剂，你可能听说过处理汽车尾气中的三元催化剂。三元催化剂指的是使用铂、钯和铑这三种金属元素同时除去碳化氢、一氧化碳和氧化氮的装置。

铂（白金）、钯等金属以外的催化剂也广泛运用在我们的日常生活当中，就连人体内也有着这样的催化剂呢，比如由蛋白质构成的"**酶**"就是催化剂的一种。

有些催化剂十分有趣。原本只是混合氧气和氢气的话，不会发生任何反应，但只要加上一点点铂，反应就会立刻进行和结束，生成水。铂在反应前后不会发生任何变化，这就是典型的催化剂。

催化剂不仅能净化汽车尾气，还能用于氢气燃料电池，与汽车产业有着密切的联系。

📍 跨越几个阶段的进程

催化剂的作用除了提高反应速率外，还能使普通条件下无法进行的反应发生。例如，碳化氢和氢气的附加反应在普通条件下无法进行，但加入铂、镍等催化剂后反应就能简单进行了。

这其中蕴含着巨大的潜力，即普通条件下需要经过好几个阶段的反应才能生成的化学物质，在合适的催化剂作用下能直接在一个阶段内就生成我们想要的物质，这就不只是提高反应速率的问题了。在催化剂的作用下，不再需要好几个阶段的试药和溶质，同时大大减少了反应所需的化学物质和废弃物，也大大节省了反应所需的热能和电能。

催化剂非常符合绿色环保的理念，节省能源，受到了人们的巨大关注。目前，含有二氧化钛的**光催化剂**正对净化空气和室内环境起着重要作用。

📍 将液态油变为固态人造黄油的秘诀

让我们通过一个例子来了解催化剂是如何提高反应速率的。绝大多数的植物油都是液态。有人在吃面包时喜欢往里面加入橄榄油和矿盐，可这样的话橄榄油会流出来。你可能会想：如果橄榄油是糊状的半固体，那该有多好啊！

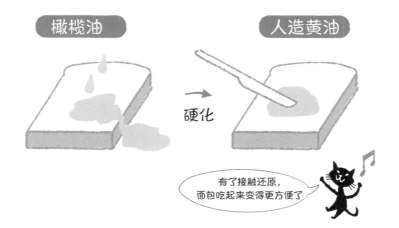

　　油之所以是液态，原因在于脂肪酸这一油的成分中含有大量的双重结合的不饱和脂肪酸。通过**"接触还原"**这种方法，能将不饱和脂肪酸变为饱和脂肪酸，油也就从液态变为固态。在接触还原中，除了需要氢气作为还原剂外，还需要催化剂。通过这一过程制作出来的油叫作硬化油，我们常用的人造黄油和起酥油都是硬化油的一种。

　　20世纪20年代，人们通过利用白金的催化作用，发明了一种能够缓慢氧化、燃烧汽油的白金怀炉。顾名思义，该怀炉将白金作为催化剂，低温燃烧汽油，缓慢产生热量。白金怀炉比化学怀炉能产生更大的热量，是现在登山运动的必备用品之一。

第3章

通过化学理解自然现象

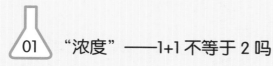

01 "浓度"——1+1不等于2吗

浓度

溶液中的物质（溶质）的比例。
但是需要注意的是，浓度有很多
种类。

　　酒的酒精度数有很多种，比如啤酒的度数为5%左右，
日本酒和红酒的度数为10%～15%，威士忌和白兰地的度
数为40%～60%，而伏特加酒和艾酒的度数可高达90%。

　　我们在形容酒精度数时，通常会用"度"来衡量酒精
含量。除此之外，还有用"%"来表示的。在这里，我们
不妨将这两个衡量标准看作是相等的。

　　不知道你是否会好奇酒的"%"（度）到底指的是重
量的比例，还是体积的比例呢？答案是"酒中的酒精体积
比例（百分比浓度）"。

与其说伏特加酒和艾酒等浓度高达90%的酒是酒精的水溶液，倒不如说是水的酒精溶液更合适一些。一般来说，我们将溶液中所含溶质的量称为"**浓度**"。浓度的种类有很多种，在不同的情况、使用范围和方法下都会不一样。如果不懂装懂的话，很可能会闹大笑话，所以我们要多留意一下具体是什么浓度。

在化学世界中，没有特别指明的话，浓度一般指的是"摩尔浓度"。

📍 制作1摩尔浓度的食盐水需要什么？

在化学中使用的浓度一般是"**摩尔浓度**"，表示1升溶液中所含溶质的摩尔数。摩尔数就是1摩尔物质中所含的 6×10^{23} 个粒子。这个数字看起来很大，但在前面我们也提到了1摩尔任何物质的质量都是以克为单位，数值上等于该原子的相对原子质量或相对分子质量。

例如，6×10^{23} 个相对分子质量为44的二氧化碳分子，重量刚好为44g。摩尔其实只不过是一个单位，就好像是12支铅笔为一打一样，6×10^{23} 个分子的集合体叫作1摩尔。

同样是一打，但一打铅笔和一打啤酒罐的重量肯定不一样。同理，同样是1摩尔，分子的种类不同，重量也就不一样。例如，同样是1摩尔，二氧化碳分子为44g，氢气分子为2g，氧气分子为32g。1摩尔的质量在数值上等同于其相对分子质量或相对原子质量。

摩尔浓度可以用以下公式计算：

摩尔浓度（mol/L）=溶质的摩尔数÷溶液的体积

下面我出道题目考考大家：如何制作1L摩尔浓度为1的食盐水？

食盐（NaCl）由钠元素（Na）的氯元素（Cl）构成。这两种元素的相对原子质量分别为23和35.5，所以食盐的相对分子质量为58.5。所以，我们先要将1摩尔（58.5g）的食盐放入1L的量筒中，随后加水至1L。

在这里，我们需要特别注意的是不能往1L水里面加食盐，因为往1L水里加入食盐后整体的体积就不是1L了，计算也会变得很复杂，所以我们要先加入1摩尔的食盐，随后加水直至体积达到1L。

● 百分比浓度指的是质量占比

摩尔浓度是化学上一个非常重要的单位，但不适用于我们的平时生活。在计算酒的浓度和冰激凌的乳脂肪含量时，我们经常用的是"**百分比浓度**"。

实际上，百分比浓度可以分为质量百分比浓度和体积百分比浓度两种。在我们的平时生活中，没有特别指明的话，浓度一般指的都是**质量百分比浓度**。溶液中的溶质百分比表示浓度，也就是质量占比。

质量百分比浓度（％）=溶质的质量÷溶液的质量×100

=溶质的质量÷（溶质的质量+

溶液的质量）×100

假如我们想要制作质量百分比浓度为10%的1kg食盐水溶液时，需要准备100g食盐（溶质），再往里面加入900g的水。

📍 酒的体积百分比浓度不是1+1=2?

在计算酒的浓度时，通常会使用**体积百分比浓度**。体积百分比浓度指的是溶质体积和溶液体积的占比。

体积百分比浓度（%）=溶质的体积÷溶液的体积×100

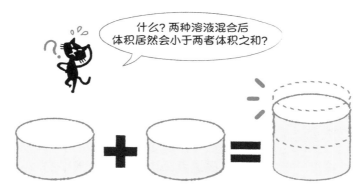

需要注意的是，溶液的体积并不等于溶质体积与溶液体积之和。这是因为不同液体混合时体积可能会大于两者体积之和（例如盐酸和氢氧化钠溶液混合），也有可能小于两者体积之和（例如酒精和水混合）。

因此，要想制作体积百分比浓度为10%的1L酒精水溶液，必须按照以下步骤进行操作：

首先，往容量为1L的量筒内倒入100mL的酒精，随后加水直至1L。这时你会发现往里面加入的水的体积实际上是超过900mL的，即水和酒精混合后的体积小于两者体积之和，所以为了使溶液刚好为1L需要做一些调整。

　　不同的溶液混合时，体积可能会大于两者体积之和，也有可能小于两者体积之和。不实际亲手操作的话，是不会知道混合后体积是变大还是变小的。

酸碱性

溶液的 pH 值小于 7 时为酸性，大于 7 时为碱性，等于 7 时为中性。

一说到酸雨，总是会给我们一种洪水猛兽的感觉。你可能觉得光是了解酸雨的相关知识以及酸雨带来的巨大危害不会对我们的生活产生实际的作用，但是通过学习这些知识，我们可以制订湖泊和沼泽的酸雨防范对策，讨论和制订混凝土的酸雨防范对策等。正所谓知识就是力量，光是学习这些相关知识我们就能发挥巨大的力量。

酸雨除了会使室外的铜像等金属生锈之外，还会中和混凝土的碱性，从而降低硬度。雨水等随后通过裂缝渗入建筑物内部，使里面的钢筋生锈。生锈而膨胀的钢筋会进一步扩大裂缝，下雨时雨水又会渗入这些裂缝，从而形成一个恶性循环。

酸雨对于生物来说危害也是非常大的，不仅会给湖泊和沼泽的生态系统带来巨大影响，还会造成森林的枯竭。失去森林的山含水能力下降，很容易引发山洪。这样一来，地表的肥沃土壤流失，森林不再，山也就逐步走向沙漠化。一旦流失的土壤再也回不到原来的状态。

📍 pH

我们通常用"pH"这一单位来表示物质的酸碱性强弱。

pH值的范围是0~14。水为中性，pH值为7。以7为基准，pH值小于7的呈**酸性**，pH值越小，酸性越强；pH值大于7的呈**碱性**，pH值越大，碱性越强。在味道上，酸性物质酸，而碱性物质苦。

pH值的数值相差1，酸性或碱性的强度就会相差10

倍，即pH值为3的溶液酸性比pH值为4的溶液酸性强10倍，比pH值为5的溶液酸性强100倍。

下图显示了我们生活中食物和饮料的酸碱性。呈酸性的物质有醋、梅干等，但碱性物质却很少。

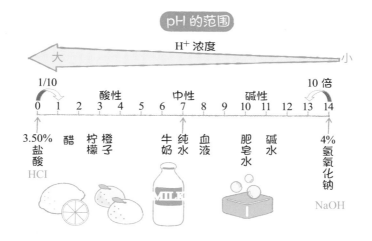

除了上图中列举的物质外，碱性电池的组成物质以及"美人温泉"等各种温泉都呈碱性，而且碱性还较强，pH值高达8~10。当然，也有呈酸性且酸性较强的温泉。

📍 所有的雨都呈酸性

天上的云凝结成水滴后降落到地表上，形成了雨。在降落过程中，雨水会吸收气体，其中就包括二氧化碳。雨水与二氧化碳反应形成碳酸，呈酸性。

所以不论哪个时代、哪里的雨其实都是呈酸性的，世界上不存在呈中性或碱性的雨。雨水的pH值通常只是5或6左右。虽然没有绝对的定义，但酸雨一般指的是比普通雨水酸性更强的雨（pH值更小的雨）。

酸雨又是怎么形成的呢？这是因为从工厂和汽车尾气中排放的大气污染物中含有大量的氮、硫化合物，雨水吸收了这些氮、硫化合物，呈强酸性。

硫化物溶于水后生成亚硫酸和硫酸等强酸，使雨水呈强酸性。同理，氮化物溶于水后生成硝酸，使雨水呈强酸性。在日本东京，一般认为酸雨是由汽车尾气中的氮化物溶于雨水后形成硝酸造成的。很多城市都没有研发出净化氮化物的有效方法，这是城市酸雨形成的重要原因。

03 形成云和雨的 "过饱和状态"

过饱和状态

当溶液中溶质的浓度超过该温度下溶质的溶解度，而溶质仍不析出的现象叫作过饱和现象。

　　据说，在法国大革命中天气起着巨大的作用。就算没有说得那么夸张，事实上，不下雨的话农作物会枯死，反过来，下大雨的话农作物的根也会腐烂。最近由于超低气压的影响，局部地区短时间内的暴雨会给我们的生活带来巨大的安全隐患，所以说雨下得"适可而止"是最好不过的了。但你有没有想过雨到底是怎么形成的呢？

云和雨的形成机制

雨是从云落下的液体，但这并不是说天空中总有云，云的形成与空气的溶解度有关。当水蒸气大于空气的溶解度时，无法溶解的水蒸气就会凝结成小水滴，这就形成了云。

小水滴受地球引力影响本应直接落下，但由于受上升气流和对流的影响，能够一直留在天空中。但当云的温度降到−15℃时，小水滴会凝固成小冰粒。小冰粒吸收周围的水蒸气变成雪片，在重量不断增大的过程中逐渐下降并融化为液体，很多小水滴聚集成大水滴落下，这就形成了雨。如果温度更低的话，水滴会再次凝固成雪。

过饱和状态

相比于温度较低的水，砂糖在热水中能溶解得更多。砂糖在不同温度下溶解度会发生变化，在温度较高的水中

能大量溶解，但当温度降下来之后，在低温下无法溶解的
砂糖就会以结晶的形式析出，沉积在杯子的底部。

除此之外，也有一些物质与砂糖水相反，即使在低温
条件下也不会有超过溶解度的溶质析出，这样的现象叫作
"过饱和状态"。由于过饱和状态非常不稳定，只要稍微
振动或加入溶质的微结晶，瞬间就会有结晶析出，飞机云
的产生就是一个很好的例子。过饱和状态的空气由于受到
飞机的振动或尾气中的微小粉末的影响，过饱和状态受到
破坏，瞬间就会形成云。

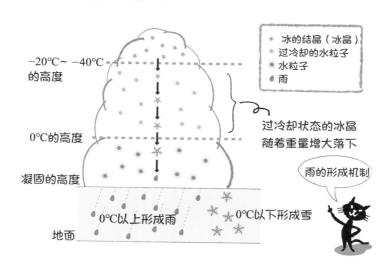

📍 天气预报和泊松方程

像这样，我们知道了云是在过饱和机制中产生的，但是预测过饱和状态发生的时间和地点，以及云的移动和过饱和状态被破坏从而形成雨的时间和地点非常困难，毕竟这些过程都是在云的内部发生的。

尽管如此，在数学中有一种叫作"**泊松方程**"的便利方法能够分析这种现象。但这一方程是二阶微分方程，十分复杂，单靠人工计算的话非常困难。

天气预报基本上都是在泊松方程中输入气压、温度、地势等数据，以气象台的大型计算机计算出的结果为基础，天气播报员再在电视上公布。

📍 雨的形成

雨的形成需要**冰粒子**。在-15℃的温度下，雨才会形成，这比冰的熔点（0℃）要低得多，所以在这种低温的条件下，所有的水都会被冻成冰（结晶化）。但是，也有例外情况。就像过饱和状态一样，存在一种在非常低的温度下也不会结晶化的状态，这种状态叫作"**过冷却状态**"。

当然，过冷却状态也是不稳定的，稍微晃动或加入适量微粒子，瞬间就会形成大量的冰粒（冰晶）。因此，往低温云里撒入适量微粒子的话就能让云析出冰晶。在自然界中，被海浪掀起的盐粒和陆地上产生的沙尘都是析出来的粒子的一种。

📍 人工降雨

雨不论是下得多，还是下得少，都会影响人们的正常生活，所以说雨下得"适可而止"是最好不过的了。但是下雨作为一种自然现象，雨下得多的话会引发洪水，带来巨大灾害；下得少的话，会对农作物的收成带来影响。以前经常会因为下雨过少或过多，引发饥荒等严重危机。

现在人类正在进行人工降雨的研究。人工降雨，指的是往过冷却状态的云里撒入微粒子，所以说现在的人工降雨都需要云。

　　在人工降雨中，人们往云里撒入的通常是干冰和碘化银。干冰从飞机上撒出来时，由于吸热降低了云的温度，云里的冰粒会析出。碘化银的结晶为六方形，与冰的结晶形状相似，人工降雨的效果更好。但是有一点我们需要注意的是，由于碘化银具有弱毒性，使用过多的话会带来负面影响，因此必须控制使用量。

波义耳·查理定律

理想气体的体积与压强成反比，与温度成正比，可用公式 $PV=nRT$ 来表示。这是理想气体的状态方程。

铁轨不论受到多大的压强，体积都不会发生变化，但在夏天的炎热天气里，我们会发现铁轨发生膨胀和延展（体积增大）。

水无论是受到多大的压强，都不会小到肉眼看不到的程度。在0～100℃的温度范围内，不论怎么改变温度，水的体积几乎都不会发生变化（不包括长时间加热导致的蒸发）。

但气体受到压强后，体积会变小。当温度升高后，气体也会膨胀起来，体积增大。经过严谨的调查和大量的实验后，我们可以发现气体的体积与压强成反比，与温度成正比，该定律叫作"**波义耳・查理定律**"。

$$PV=nRT \qquad ①$$

在这里，我们分别用V表示气体的体积，n表示气体的摩尔数，T表示所处的温度，P表示压强，上述要素的关系可以用①来表示。这就是理想气体状态方程。另外，R为定数（气体定数），是化学中最为重要的定数之一。

📍 运输天然气的智慧

波义耳・查理定律是17世纪的英国科学家罗伯特・波义耳发现的波义耳定律和18世纪的法国科学家查理发现的查理定律的结合。

波义耳定律：在一定温度下，理想气体的体积和压强成反比。

查理定律：在一定压强下，理想气体的体积和温度成

正比。

我们将这两个定律结合在一起的话，就变成了"理想气体的体积与气体的压强成反比，与温度成正比"。数学比较好的人甚至还能举一反三，得出"理想气体的压强与气体的体积成反比，与温度成正比"的结论。

我们可以将波义耳定律理解为"体积过大时，增大压强的话体积就会减少"，将查理定律理解为"就算降低温度，体积也会减小"。

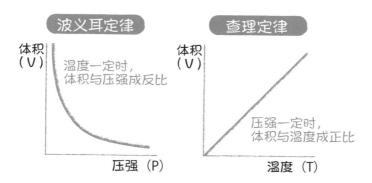

说到体积过大，让我想起了用船运输的天然气，天然气的体积过大时，储存和运输就会变得很困难。为了解决这个问题，人们使用了波义耳·查理定律。

通过增大天然气（气体）的压强或降低温度，能缩小天然气的体积。将压强从1个标准大气压增大到2个标准大气压的话，体积就会缩小一半。如果增大到10个标准大气压的话，体积就变成了原来的十分之一。再继续增大压强的话，有些气体就会发生液化，变成液体。这样一来，体积就会被大幅度缩小了。将温度降至−162℃时，天然气的体积会缩小为原来的六百分之一，这就是为什么人们通过液化天然气来运输的原因。

📍 膨胀至1700倍的水的体积

我们总在说"气体的体积"，但你知道气体的体积到底是什么吗？状态为气体的分子以飞机的速度做高速运动，将这样的分子装入气球中时，气体分子会在气球内膨胀开来，这时的气球体积就是"气体的体积"。

当然，气体的体积指的是空间上的体积。即使是同一种物质，液态和气态时的体积相差也很大。在前面提及的运输液化天然气的例子中，气态变为液态时，体积一下就缩减了很多。让我们从液态变为气态的逆方向来重新思考一下这个问题。

以水为例，1摩尔水（18g）的体积是18mL（18cc），这大概相当于1L牛奶的五十分之一左右，但是将其加热至100℃时，水会变为气体（水蒸气），体积变为31L，相当于31瓶1L的牛奶。

水分子的体积在液态和气态时几乎不会发生变化，但当水变为水蒸气时，体积一下就从18mL增大为31L，增大了1700多倍。

气体的体积和气体自身（分子）的体积无关，与分子间的间隔有关。因此，我们可以发现在温度为0℃、压强为1个标准大气压的条件下，1摩尔气体的体积为22.4L。这与气体的种类无关，所有气体都是如此。要注意的是，前面出现过的31L，所处温度是100℃，不是0℃。气体的体积会随着温度的升高，逐渐增大。

05 "理想气体与实际气体" —— "波义耳·查理定律" 番外篇

理想气体和实际气体

根据气体的种类不同，会出现很多与"理想气体状态方程"不同的情况。

在上一节的内容中，我们学习了波义耳·查理定律，相信你对气体也有了一定的了解。但是在化学上，波义耳·查理定律被称为是理想气体的状态方程。看到"**理想气体**"一词，你有没有感到有点好奇呢?

📍 理想气体与实际气体

$$PV=nRT \qquad\qquad ①$$

$$\frac{PV}{nRT}=1 \qquad\qquad ②$$

我们学到的公式①经过变形之后，可以得到公式②。当然，这只是变形，等号两边肯定还是相等的，所以右边为1。但是如果①真的成立的话，"理想"二字就显得有点奇怪了。同时，下图中公式②的等号右边也应该是1才对。

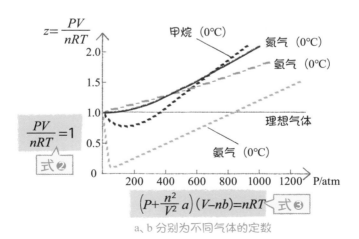

a、b 分别为不同气体的定数

上图为各种实际气体的实际观察数据，这些数据都与理想气体1那条线有着很大的偏差，这表明公式①、②都是不成立的。这又是为什么呢？

现在让我们再来分析一下气体的性质。气体由分子构成，不同种类的分子如水分子、氨气分子等都有自己特有的结构。虽然说分子小到肉眼看不到，但还是有实际的体积和分子间作用力的。

也就是说，分子间除了相互排斥外，与气球之间还会产生引力，像这种一般情况下存在的气体叫作"实际气体"。

公式①中假定的气体与实际气体之间存在了很大的偏离，也就是说，我们假设的理想气体是由体积为0，没有特定的形态和一切分子间作用力的分子构成的，这样的气体被称为"**理想气体**"，所以说公式①才被叫作"理想气体状态方程"。

📍 实际气体状态方程

到底存不存在实际气体状态方程呢？答案当然是肯定的。

$$\left(P + \frac{n^2}{V^2}a\right)(V - nb) = nRT \qquad ③$$

公式③叫作实际气体状态方程或**范德瓦耳斯方程**。比起公式①，公式②要复杂得多，其中一个很明显的不同在于出现a、b两个系数。a、b系数的数值是对每种气体进行实验后决定的。例如，氢气的a值为0.247，b值为26.6。

既然理想气体与实际气体之间存在那么大的偏差，那我们通过理想气体来计算似乎就失去意义了。实际上，气体分子的运动及其理论分析非常复杂，甚至都有一个叫作"气体分子运动论"的理论体系。所以，我们首先通过理想气体的分子大致决定分子的运动，之后再根据不同分子的情况进行修改的话会更有效率。

"阿伏伽德罗定律"——倒入大海的一杯水，一亿年后……

阿伏伽德罗定律

同温同压下，相同体积的任何气体含有相同的分子数。

原子非常小，过去曾一度被认为是物质的根源和最小的粒子。但不论多么小，只要是物质，肯定都会有大小和重量。这么一说，真想测量下原子的大小和重量呀！

在元素周期表中，氢元素的相对原子质量为1，碳元素为12，氮元素为14，氧元素为16，这些都是各种元素的相对重量。我们能否通过相对原子质量来测量原子的重量呢？

虽然我们说原子是有重量的，但如果一个个去测原子的重量的话，那也太难了吧！但是如果我们把很多原子聚在一起的话，就能测试它们的重量了。这就好比是，小鱼一条条卖的话的确很麻烦，但是将它们捆在一起卖的话，称重和买卖就变得容易多了。

阿伏伽德罗常数和1摩尔

将大量的原子聚集在一起，当它们的重量刚好与原子质量相等（原子质量是相对的质量）时，我们发现任何元素的原子数都相同，这个原子数叫作"阿伏伽德罗常数"。同温同压下，相同体积的任何气体都含有相同的分子数，这就是**"阿伏伽德罗定律"**。

阿伏伽德罗常数实际上是6.02×10^{23}个，可近似看作6×10^{23}个。这个数字是不是觉得有点眼熟呢？没错，我们之前在学习摩尔的相关知识时曾接触过。阿伏伽德罗常数的原子或分子的集合体，叫作"1摩尔"。

📍 非常重要的阿伏伽德罗常数

假设现在我们手里有一杯水，这杯水的浓度为10摩尔（180mL=180g），即杯子内的水分子数为（6×10^{23}）×10=6×10^{24}个。

现在让我们将杯中的水分子全部染成红色，然后倒入东京湾港口。杯中的水会与港口的海水混合，与东京湾的海水混合，与太平洋的海水混合，然后变成云飘到美洲大陆并形成雨落下……像这样，这些水分子会分散到世界各地，在无数年后（假设为1亿年）与全世界的水分子平均混

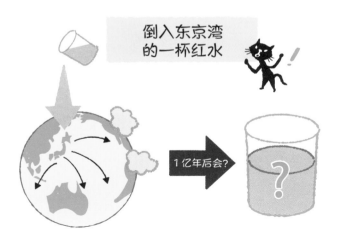

合，再次回到东京湾。这时我们用刚才用过的杯子再舀一杯水。

听好了，问题来了！

杯中有多少个红色水分子？

不用想得太复杂，凭感觉回答就好。我都特意这么问了，答案也不难猜到吧。虽然没有进行过严密的计算，但杯中至少会有几百个红色水分子。从这一结果，我们也可以知道阿伏伽德罗常数是一个多么大的量。

⬤ 限制浓度还是限制总量？

在环境公害问题上，有ppm和ppb这两个单位。ppm指的是百万分比浓度（10^{-6}），ppb指的是十亿分比浓度（10^{-9}）。乍一看，这两者的浓度都非常低，但如果从分子数的角度来看的话，会发现不一样的情况。

现在我们往一杯水中加入1ppb单位的蓝色水分子。蓝色分子的数量为$6 \times 10^{23} \times 10^{-9} = 6 \times 10^{14}$个，即600万亿个。

从浓度的角度来看，1ppb的量确实很少，但从数量的角度来看，这个量十分巨大。当然，从哪个角度来看取决于个人，但最近防止环境公害正从限制浓度变为限制总量，这表明支持限制总量的人目前还是占大多数的。

由于原子核不稳定，放射性同位素会释放射线变成别的原子，有着固定的半衰期。例如，碳的同位素——"碳14"的半衰期为5730年，β被破坏后会变成"氮14"。人们利用碳14的这一性质进行植物的年代鉴定。

现在我们假设在古老的地层中发现了木雕品，那它到底是1000多年前的东西，还是2000多年前的东西呢？听到这个数字，先别那么快惊讶，你身旁很可能就埋藏着这样的古董！在判断年代时，"碳14年代测定法"能派上大用场。

空气中的二氧化碳含有一定比例的碳14。植物通过光合作用吸收二氧化碳，所以植物中的碳14浓度与空气中的浓度相同。

但是植物死亡后，由于不能再从空气中吸收二氧化碳了，体内的碳14就逐渐变成了氮14。

如果说植物体内的碳14浓度变为空气中浓度的一半的话，我们该如何进行判断呢？前面我们提到碳14的半衰期约为5730年，半衰期过后就会变为氮14。植物体内的碳14浓度变为空气中的一半，这意味着植物死亡后经过了半衰期（5730年）。如果植物体内的碳14浓度为空气中的25%时，我们可以将之视为经过了两次半衰期，5730×2=11460，即经过了11460年。人们现在通过这样的方法来测定植物的年代。

什么？这时候你已经明白了？先别着急，我还有话要说呢，实际上并不是只有植物体内的碳14会变成氮14，空气中的碳14也会发生这样的变化。

因此，上面的结论要成立的话，前提是必须保证空气中的碳14浓度不变。

由于地球内部的原子核崩坏，放射线照射在地球表面，这导致了空气中的碳14浓度总是保持稳定不变。有了这一前提条件的成立，现在我们可以放心使用碳14年代测定法啦。

第4章

支撑我们生活的化学：医疗、生命、环境

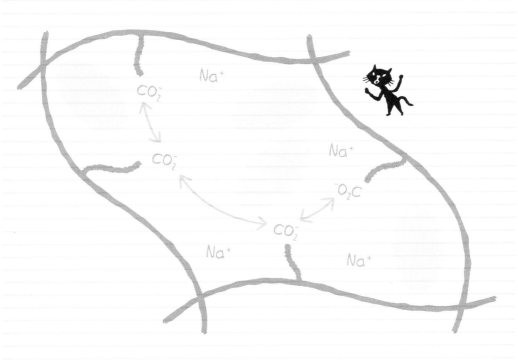

米勒实验

证明无机物合成有机物的模拟原
始地球实验。

　　有人认为："因为生物（有机物）只能从生物中产
生，所以世界万物都是由上帝创造的，上帝是最初的生
命。"虽然我们并不认同这个观点，但对于"生物只能
从生命中产生"这个观点，我们很难拿出确凿的证据进行
反驳。

　　在过去很长一段时间，人们普遍认为"构成生物的物
质是有机物""只有生物才能创造有机物"。

📍 什么是生物？

从化学的角度来看，对于生物而言，重要的化学物质都叫"有机物"，有机物主要由碳和氢元素构成。因为以前认为只有有机物才能合成有机物，即能构成生物的物质只能是有机物，所以过去一直把只来源于生物的化合物叫作有机物。

按照这个逻辑的话，地球自诞生之日起就必须得有有机物（生物）存在才行。但是众所周知，地球诞生之初除了熔岩，什么都没有，这明显与地球物理学的观点相矛盾。

📍 模拟原始地球环境的米勒实验

1953年美国芝加哥大学研究生斯坦利·米勒做的一项实验给当时的学术界带来了新的发现。当时米勒一直坚信着加利福利亚大学恩师哈罗德·尤里的观点，即"原始地球的大气中存在着氢气、甲烷和氨气等还原性气体"。他认为这些还原性气体可能不是从有机物中产生的，于是自已制作了一个实验装置并展开实验。

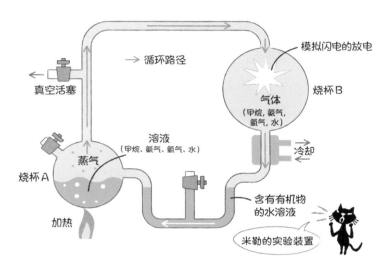

往烧杯A中加入水、氢气、甲烷和氨气，并加热使之沸腾。这些物质都是无机物，用来模拟原始地球环境。如果实验装置内有有机物进行合成的话，这将有力回击"只有生物才能合成有机物"的观点。

蒸发后的气体进入烧杯B后放电，这是模拟原始地球频繁产生的闪电。随后气体被冷却，再次回到被加热的烧杯A中。

该实验开始后的一周左右，溶液开始变色，最后变为红色。随后米勒分析了溶液成分，在里面检测出了有机物

"氨基酸"。

📍 生命从无机物中诞生

在米勒实验中得到的氨基酸是蛋白质的主要构成单位，是生物必不可少的一种物质。为表彰该实验的创新性，人们以米勒的名字将这个实验命名为**"米勒实验"**。

但是在随后地球物理学的研究中发现，原始地球大气中的气体并不是尤里认为的还原性气体，而是以二氧化碳、氧化氮等酸性气体为主的气体。而在酸性大气中，有机物的合成非常困难，所以现在很多人认为米勒实验已经过时了。

尽管如此，米勒实验向我们揭示了在合适的条件下，有机物和无机物是能够相互转化的，无机物是有可能变为有机物的，所以说米勒实验依旧是具有划时代意义的一项实验。如果不是米勒实验证明了这种转化可能性，我们现在只能认为地球上的生命都是从外星球来的。

渗透压

对于两侧水溶液浓度不同的半透膜，使两侧保持相同浓度的压强称为渗透压。

往新鲜的青菜上撒盐，我们会发现青菜像腌菜一样蔫了下去。青菜的细胞膜中有着**"半透膜"**这一构造，只有部分分子才能通过半透膜，即水分子能通过半透膜，但盐（氯化钠）等离子类分子不能通过半透膜，所以细胞内的水分在盐的作用下被排出到细胞外，这就是青菜变蔫的原因。

鱼（淡水鱼和海水鱼）能在水里生存，也是多亏了半透膜。另外，在决定未知分子的质量时，半透膜也发挥了重要作用。接下来让我们具体了解一下半透膜以及它背后的化学构造。

用半透膜限制移动的"渗透压"

往布袋中加入砂糖，再将布袋放入装有水的烧杯中。经过较长的一段时间后，我们会发现烧杯内的水味道变甜了，这是因为布袋中的砂糖溶解在了水中。

但如果我们把布袋换成玻璃纸袋，重复这个实验的话，就会发现烧杯中的水味道没有变甜。相反，玻璃纸袋中涌入了大量的水，涨得鼓鼓的。

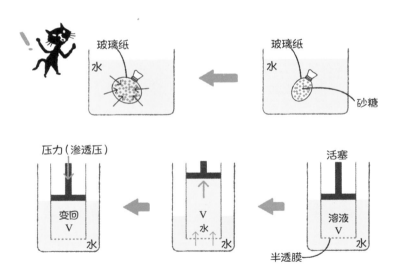

　　说得通俗点，就是由于水和砂糖能同时通过布袋，所以砂糖能溶解在水中，水也就变甜了。与此相对，水能通过玻璃纸袋（半透膜），但较大的分子（砂糖分子）却不能。玻璃纸袋虽然浸在水中，但由于里面的砂糖不能透过半透膜，这就造成了锅中的水不甜。

　　说得更"化学"点的话，就是往活塞底部的半透膜内加入一定浓度的溶液，将整个活塞沉入水槽中，使两者水面高度保持一致。一段时间过后，有水进入活塞内部，使活塞内的水面上升。这时，增大活塞内的压强，会发现活塞内的水面下降，并与水槽中的水面保持一致。像这样恰好能阻止渗透发生的、施加于溶液液面上方的额外压强叫作**"渗透压"**。

📍 范特·霍夫定律与未知物质的相对分子质量

　　19世纪的荷兰化学家范特·霍夫从上述现象中发现了规律，即"**渗透压与溶液的摩尔浓度和温度成正比**"。

后人为纪念他的贡献，将该规律命名为"范特·霍夫定律"。相比与用文字描述，用公式来表示的话会更简明易懂。其实这个公式我们也看到过好几次了，它就是气体状态方程（$PV=nRT$）的变形，即$\pi V=nRT$。气体状态方程仅适用于气体，但变形后的公式还可以适用于液体。

在变形后的公式中，V指的是溶液的体积（不是气体的体积），n指的是溶质的摩尔数，T指的是温度，R指的是气体定数（与原公式不变）。气体的状态方程是用P表示压强，但这里我们想强调这个压强特指"液体的渗透压"，所以用π这个希腊文字来表示（与P相同）。

$$\pi V=nRT$$

等式两边同时除以V后，得到：

$$\pi = \left(\frac{n}{V}\right)RT$$

看了这个公式后，我们就能发现范特·霍夫定律中揭示的"渗透压π与溶液的摩尔浓度（n/V）和温度T成正比"。

范特·霍夫公式常用于计算未知分子的相对分子质

量。具体的做法是将相对分子质量不明的物质m克溶解在水中，制作体积为V的溶液，随后通过计算此时的渗透压π。

范特·霍夫公式变形后可得到：

$$n（摩尔）=\frac{\pi V}{RT}$$

将计算得出的渗透压值代入上述公式中，可以得出n（摩尔）值。该实验表明m克的未知物质分子中含有n摩尔。之后再通过"分子量$=\frac{m}{n}$"公式求出未知分子的相对分子质量。

♀ 为什么鱼能在水里生活？

在开头我们提到"细胞膜是一种半透膜，能通过水分子，但不能通过离子"，这意味着具有细胞膜的生物（动植物）无法生活在盐水中，然而一辈子都生活在水里的鱼怎么会安然无事呢？

淡水鱼和海水鱼的体液浓度没有太大差别，但淡水鱼的浓度更高些，海水鱼浓度更低些。这样一来，水就会涌入淡水鱼的体内，使得全身膨胀起来，变成胖胖的河豚的样子。这时发挥巨大作用的是肾脏，肾脏过滤掉水，像小便一样将水排出体外。

如果海水鱼也像淡水鱼这样把水排出体外的话，可能就变成鱼干了。海水鱼只会吸收海水中的水，从鱼鳃处排出盐分。

那像三文鱼这种在淡水和海水中均能生存的鱼到底是算海水鱼，还是淡水鱼呢？这个由它产的卵决定。三文鱼产的卵体积较大，数量要比其他鱼少很多。除此之外，卵的密度小于水，几乎没什么粘性。

基于这样的性质，如果三文鱼在大海中产卵的话，卵会飘在水中成为其他鱼类的美餐。三文鱼的卵只有在淡水中才会沉于底部，藏于岩石中。三文鱼是在淡水中完成产卵和孵化的，所以它是淡水鱼。

我们常说给鼻涕虫撒盐，它就会变小或死亡。通常我们认为这是因为鼻涕虫的细胞膜具有半透膜的特点，将体液排出体外，但实际上鼻涕虫变小或死亡不是因为将水排出到了体外，而是由于鼻涕虫自身的防御反应蜕去了外部的黏液质。这么看来，似乎这与渗透压并无太大关系。

半透膜

只允许离子和小分子物质通过的膜。

　　在上一节的内容中，我们学习了范特·霍夫定律和半透膜的相关知识，还明白了鱼能在水中生存的秘密。

　　半透膜真正发挥作用的是在医疗领域，为挽救无数人的生命做出了巨大贡献。在这一节的内容中，我们将继续学习半透膜对我们生活的影响。接下来就以"人工透析"为例，继续探索半透膜的奥秘吧！

什么物质不能通过半透膜？

半透膜是一种只让某些物质扩散进出的薄膜，一般来说，半透膜只允许小分子物质通过。

但是这并不能用来解释"半透膜允许水分子通过，但却不允许盐电解后得到的Na^+、Cl^-通过"的现象。例如，青菜的细胞膜能允许水通过，但却不允许NaCl等离子类物质通过。这样看来，光用物质大小来判断什么物质能通过半透膜显得有些不足。而且范特·霍夫定律也提及半透膜能允许分子通过，但却不允许离子类物质通过。

因此，我们一般认为半透膜只允许小分子物质或离子通过。

半透膜在人工透析中的作用

半透膜分开的两种溶液中，由于两者的浓度不同，分子和离子可以通过半透膜进行移动。人们利用半透膜的这一性质，为肾脏疾病患者提供"**人工透析（血液透析）**"。

　　肾脏功能出问题会带来很多危害，而人工透析就是解决这一问题的疗法之一。人工透析器由很多根空心纤维组成，浸在透析液中。空心纤维壁，即透析膜，具有半透膜的性质。

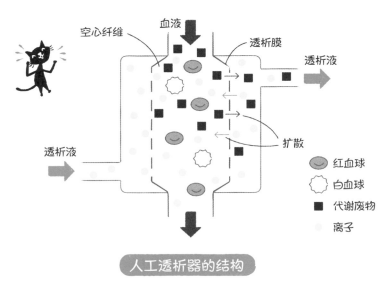

人工透析器的结构

　　先将空心纤维的一端连接患者的血管让血液流出，再用另一端连接血管让血液回到体内。这样一来，当血液通过空心纤维时，会通过半透膜与透析液进行物质交换。

透析膜是半透膜的一种，我们可以认为它是一个非常精密的筛子，只允许水之类的小分子通过，不允许红血球和白血球这样的生物大分子通过。

透析液中含有维持和调节人体正常机能的各种离子和小分子物质。我们可以将血球看作"被半透膜包围着的液体"。血球中有各种物质成分，渗透压很高。把血球放入渗透压低的液体（比如水）中，液体中的水就会涌入血球内，血球膨胀，最后破裂。

相反，如果我们将血球放入浓度高的液体（比如食盐水）中时，血球内的水会流失到浓度高的液体中，整个血球会变得皱巴巴的。为了避免上述这两种情况的发生，透析液的渗透压通常与血液保持相同，这样的透析液叫作"等渗溶液"。

通过半透膜过滤代谢废物，补充营养

人工透析器的功能大致可以分为三个：一是除去血液

中多余的水分，二是除去血液中的代谢废物等有害物质，三是补充人体所需要的各种营养和离子。

　　由于肾脏功能衰退，血液中的水分增多，进行透析的第一个目的就是为了除去这些多余的水分，但由于透析液是等渗溶液，不能利用渗透压来除去水分，这时就需要单独过滤掉血液中的水分。这时，半透膜相当于一张滤纸。

　　也就是说，要想单独过滤掉这些多余的水分，必须得改变血液和透析液中的压强。有两个办法，要么是缩小空心纤维出口端的管径，增大血液的压强，要么是施加吸引力来降低透析液的压强。这两种方法都可以使血液中的水渗透到透析液中去。

　　只有血液中含有代谢废物，血液浓度较高，物质会从浓度较高的地方移动到浓度较低的地方，所以这些代谢废物会通过半透膜移动到透析液中。

　　与此相对，患者必需的营养和各种离子会使透析液的浓度升高，营养和离子就会通过半透膜移动至血液中。

　　像这样，通过透析可以除去血液中的代谢废物，同时补充人体所必需的各种营养和离子。

04 构成我们身体的"天然高分子"

天然高分子

糖类、蛋白质、DNA 等构成生物
的高分子物质。

当被问到"人体是由什么构成的"时，首先浮现在我
们脑海中的可能是骨骼。我们肉眼可见的确实是骨骼，但
构成人体的成分主要是碳元素和氢元素，即有机物。

构成人体的有机物有很多种类，其中淀粉和纤维素等
多糖类，肌肉、胶原和血红蛋白等蛋白质，DNA和RNA等
核酸叫作"**天然高分子**"。从这一角度来看，我们可以发
现人体脱离不了高分子物质。高分子由许多个单位分子连
接而成。

📍 天然高分子发生突变

天然高分子构成人类和其他生物的身体，其中最具代表性的是"**蛋白质**"。虽然蛋白质无处不在，但我们对它的了解可能还不够。蛋白质是一种由氨基酸分子为单位构成的天然高分子。氨基酸的种类很多，但能形成蛋白质的只有20种。

蛋白质的结构十分复杂，是按一定顺序盘曲折叠形成的立体结构，比千纸鹤的构造还要复杂得多。同种蛋白质的盘曲折叠结构相同，如果盘曲折叠的方式发生错误的话，不仅不能发挥正常蛋白质的作用，还会产生危害。

疯牛病（牛海绵状脑病）就是一个很好的例子。疯牛病的起因并不是有毒物质，也不是病毒，而是因为普利子蛋白的结构发生了变化。

📍 形成DNA的核苷酸

生物体内最具代表性的天然高分子还有核酸，即DNA

（脱氧核糖核酸）和RNA（核糖核酸）。DNA负责将母细胞的遗传信息传递给子细胞，承担着传递遗传本质信息的任务。RNA在DNA控制蛋白质合成的过程中起作用，是生产第一线的先行部队。

DNA和RNA之所以是高分子，是因为它们都是由许多个"核苷酸"单位分子连接构成的。核苷酸看似离我们的平时生活有点远，可能只有对化学比较了解的人才知道，但干鲣鱼片中含有的肌苷酸、香菇中含有的鸟嘌呤氨基酸你总该听说过吧！这些都是核苷酸中的一种。

当下次爸爸说"今晚的汤真好喝"时，你可以改变下平时的说法风格，回答得更化学些——"那当然，这里面可是加入了DNA的核苷酸哦。"

05 沙漠绿化中的"功能性高分子"

> **高吸水性高分子和功能性高分子**
>
> 对人类做出卓越贡献的高分子物质，有高吸水性、离子交换等许多种类。

　　世界上不存在没有功能的高分子物质，就连我们日常生活中随处可见的聚乙烯和氯乙烯塑料都可以用来做盘子和水桶，给我们的生活提供了很大的便利。

　　高分子中有一类物质具有特定的功能，为人类做出了卓越贡献，它们就是**"功能性高分子"**。

　　功能性高分子中最具代表性的是上一节中的天然高分子。即便我们现在弄明白了蛋白质的酶功能、DNA的遗传功能，还是不由得感叹造物主的神奇和伟大。

吸水性高分子的优势

由于纸尿布和卫生巾等产品，高吸水性高分子备受关注。提到"吸水"的功能，你可能觉得毛巾、抹布和纸巾也能做到这一点，但是如果要吸比自身重1000倍的水时，毛巾或抹布恐怕是做不到的。

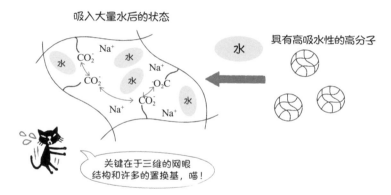

吸入大量水后的状态

具有高吸水性的高分子

关键在于三维的网眼结构和许多的置换基，喵！

很多人认为布或纸能吸水是因为"毛细管现象"。这么一说确实有些道理，但也只是停留在问题表面，只是对毛细管吸水这一现象进行解释而已。解决"为什么毛细管能吸水"这一问题，才是本书的主题——"定律、定理"。

毛细管现象主要是由于毛细管器壁和水分子之间的分

子间作用力导致的。这将在下一节的内容中学习，敬请期待。

📍 绿化沙漠的法宝

高吸水性高分子能吸收比自身重1000倍的水，得益于两个结构上的特点。

第1个特点是三维网眼结构，网眼结构包围并捕获着分子间作用力吸附的水分子。

第2个特点是有很多置换基。高吸水性高分子吸收水后，置换基发生电离。电离后的置换基带负电荷，同种电荷之间发生静电排斥，相互远离。这导致网眼结构逐渐变大，能吸收更多的水分子。这个过程循环往复，就能吸收大量的水，保持长时间的干燥。

高吸水性高分子不只是应用于纸尿布而已。在沙漠中埋下高吸水性高分子，再在上面植树的话，可以大幅度减少浇水的间隔时间，为绿化沙漠做出了杰出贡献。

📍 离子交换高分子是魔法导管

说到为人类发展做出巨大贡献的功能性高分子时，可缺不了**"离子交换高分子"**。离子交换高分子能将一种离子交换为另一种离子，简单来说就是用钠离子（Na^+）交换氢离子（H^+），用氯离子（Cl^-）交换氢阳离子（OH^-）。

海上遇难时，离子交换高分子可就派上大用场了。大海中有大量的水却不能喝，这是因为海水中含有盐，即Na^+和Cl^-。离子交换高分子通过将Na^+和Cl^-变为H^+和OH^-，海水就能变为可饮用的淡水了。

离子交换高分子有两种，一是将Na^+等阳离子变为H^+等阳离子的阳离子交换高分子，另一种是将Cl^-等阴离子变为OH^-等阴离子的阴离子交换高分子。我们将这两种交换高分子注入导管中，往上面加入海水的话，下面就会有淡水流出，你看这个魔法导管是不是很神奇？

这种淡水转化装置的关键是不需要任何能源和动力，放在救生船上的话别提多有安全感了！同时，该装置也能够解决海边避难所饮用水不足的问题。

　　然而离子交换高分子的能力并不是无限大的，当交换高分子中的H^+和OH^-全部交换为Na^+和Cl^-时，魔法导管就失去了交换离子的能力。

　　但是我们对此也不用太过担心，如果交换高分子的交换能力用尽的话，只要给阳离子交换高分子和阴离子交换高分子分别加入盐酸（HCl）和氢氧化钠溶液（$NaOH$）的话，高分子的交换能力就能恢复，又能将海水转化为淡水了。

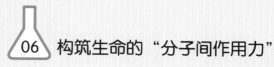

分子间作用力

分子之间的相互作用力。

　　我们洗澡时会用肥皂清洗脸部和身体，除去身上的污垢。除此之外，洗碗时我们会用洗洁精，洗衣服时会用洗衣粉或洗衣液。那你有没有想过肥皂、洗洁精是如何去除污渍的呢？

　　肥皂和洗洁精被称作"表面活性剂"，由亲水性部分和亲油性部分（疏水性）构成。亲水性的部分与水一同进入衣物内部，而亲油性的部分则与污渍结合并通过包裹污渍的方式将之除去。

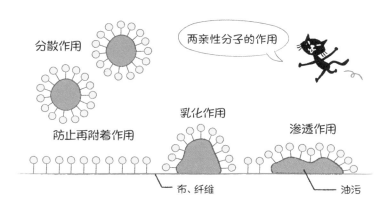

上图被包围着的部分与生物体内的细胞有同样的结构，都是通过"分子间作用力"来实现的。

溶于水、不溶于水的两亲性分子

分子中既有像食盐一样溶于水的"**亲水性分子**"，也有像石油一样不溶于水的"**疏水性分子**"。疏水性分子也叫作"亲油性分子"。

但是不可思议的是，有一种分子既含有亲水的部分，也含有疏水的部分，这样的分子叫作"**两亲性分子**"。

洗涤剂中的分子正是典型的两亲性分子，现在我们已经能够很好地利用这一特性了。洗涤剂中的疏水性部分由碳化氢构成，亲水性部分由离子构成。一般我们用〇表示亲水性部分，用直线表示疏水性部分。

将两亲性分子放入水中，亲水性部分会溶解在水中，但疏水性部分却不溶，结果就变成两亲性分子呈倒立的形状浮在水面上。

如果大量增加分子数量的话，水面会被密密麻麻的分子覆盖。由于这样状态的分子集团看起来就好像是一张膜一样，人们将之称为"分子膜"，但是组成分子膜的分子没有结合在一起，这是因为分子之间存在"**分子间作用力**"这一非常小的引力。

由于分子间作用力非常微弱，并不是所有分子一直都停留在分子膜内，其中也有一些分子会从集团中脱离出来，但很快它们又会回来。

📍 肥皂泡的真面目

只有一张膜的分子膜叫作"单分子膜"，有两张膜重叠在一起的叫作"双分子膜"，有多张膜重叠在一起的叫作"多分子膜"。其中多分子膜也叫作"LB膜"。

由肥皂水吹出来的肥皂泡就是一种分子膜，属于双分子膜。膜的接口处有亲水基，里面挤满了水分子。同时，内部有空气存在，所以肥皂泡很容易破。一旦破了的话，就会变回原来的肥皂分子，之后又能变成肥皂泡。

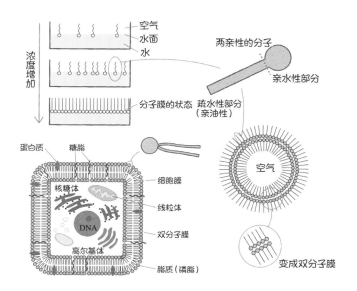

有细胞膜的才叫作生物

接下来思考一个比较大的问题：判断是否为生物的标准是什么？

答案是"是否具有细胞膜"。病毒就是因为没有细胞膜，所以不算生物。

细胞膜是由磷脂这种具有双亲性的分子构成的双分子膜。磷脂有1个亲水性部分和2个疏水性部分（尾部）。

细胞膜中除了双分子膜的基本成分外，还镶嵌有脂质、胆固醇和蛋白质等许多不纯物。当营养物质靠近细胞时，细胞膜会出现凹口，将营养物质吞进细胞内。而细胞内的代谢废物则会通过完全相反的方式排放到细胞外，这和肥皂分子清理污渍的过程十分相似。

DDS准确运送药品

综上所述，分子膜是细胞膜的基本组成部分，医学上有很多利用分子膜性质的治疗方法，其中最具代表性的是DDS（Drug Delivery System）。

　　DDS有点像体内的药品运送。抗癌剂的一个副作用是会错误攻击健康的细胞。为了避免这样的情况发生，DDS能将抗癌剂只运送到癌细胞中。

　　DDS也含有分子膜，先往双分子膜内注入抗癌剂，然后再埋入癌细胞的蛋白质。这样一来，癌细胞的蛋白质就相当于天线，将DDS诱导到癌细胞处。

07 控制体内化学工厂的"酶"

酶

在生物体内发生的各种化学反应
中充当催化剂的分子。

　　催化剂在工厂进行的各种化学反应中发挥着主角或配角的作用。催化剂能提高反应速度和工作效率,但你知道生物体内也存在这样的有机化学反应吗?生物通过一系列的化学反应,氧化并分解摄入的食物,为生命活动提供必需的能量,产生激素等化学物质,可以说生物本身就是一个化学实验室或化学工厂。

　　在工厂和实验室中进行的有机化学反应中,加入酸、碱等物质,在几百度、几十个标准大气压的高温高压环境中,连续加热好几个小时……这些都是司空见惯的事情。

　　但是与此相对，生物体内的有机化学反应却是在30℃左右的温度中高效进行的，其中"**酶**"这一物质加快了反应速率。酶是蛋白质的一种，作用和工厂中使用的催化剂完全相同，所以可以说酶是一种由蛋白质构成的催化剂。

　　酶在体内发挥着重要的作用。像我们前面提到的激素合成和细胞分裂、伤口愈合（代谢酶）、食物消化（消化酶）等，都离不开酶的作用。

📍 可重复使用的酶

　　从下图中，我们可以看到酶的简单工作原理。

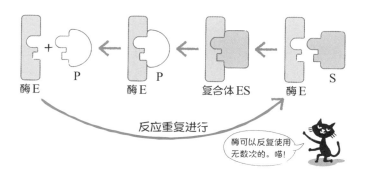

如上图所示，酶E首先和反应物S结合形成复合体ES，之后由于反应物S在化学反应中变成了生成物P，所以ES就变成了EP。EP分解后，又变成了原来的酶E和物质P。在这个过程中，我们可以发现酶E在反应前后是不发生任何变化的，所以酶E又能继续和反应物S结合，反复进行这个反应。像这样的反应可以进行无数次。

酶的作用就好像是外科手术台，将反应分子S固定在特定的部位和方向，让反应更容易进行。两个分子要进行反应就必须相互"碰撞"，但不是"碰"哪儿都可以，要想进行我们想要的化学反应，必须使分子的特定部位发生"碰撞"才行。

反应溶液中的分子就像活蹦乱跳的小孩一样，总是不停地跳来跳去，要想使分子的特定部分发生"碰撞"并不是一件容易的事情。当然，分子被手术台（酶）固定的话，这个事就变得简单多了。

📍 酶有什么特点？

酶所进行的化学反应有好几个特点，其中最为明显的特点是特定的酶只对特定的基质起作用。人体内有好几千种酶，但就好比**"锁与钥匙的关系"**一样，一种酶只能作用于一种基质。

酶的另一个较为明显的特点是酶的活性受一定条件的制约，即不满足一定条件的话，酶无法发挥作用，就会失去活性。由于酶是一种蛋白质，当温度过高或处于酸碱性环境中时，酶就会死亡，不再起到催化剂的作用。

通过前面的学习，我们知道蛋白质一种按照一定顺序盘曲折叠形成的复杂结构。由于维持这一结构的力量非常微弱，在高温或酸碱的作用下，蛋白质的结构就会被破坏。

这样一来，蛋白质的立体结构就会被破坏到无法修复的程度，这叫作蛋白质的变性。生鸡蛋煮熟后，无法回到原来的状态；人被火烫伤后，伤口处会留下伤痕都是出于这个原因。

　　酶是由蛋白质构成的，只有在特定条件下才会发挥作用，一旦特定条件发生改变，酶的盘曲折叠立体结构就会被破坏，从而失去活性。这一点和催化剂非常不同。

长辈的智慧就是"化学的智慧"

　　即使是少量的有毒物质也能夺走宝贵的生命。有毒物质的种类有很多，比如说砷（矿物质）、氰酸钠（氰化钾）、植物中的乌头碱（附子等植物）、毒芹碱（毒萝卜）、河豚毒素（河豚）、蟾毒素（箭毒蛙）等，在很多意想不到的地方存在着各种有毒物质。

　　人类自诞生伊始就受到有毒物质的威胁，一直与其进行斗争并掌握了各种认毒、避毒、去毒的知识，这可以说是人类智慧的结晶。其中日本有一种智慧叫作"长辈的智慧"。

　　山上的蕨菜十分美味，但你知道蕨菜中含有蕨苷这一有毒物质吗？大多数人可能觉得"就算有毒，也不会有多厉害吧？我们平时不都这么吃吗！"但是你可知道蕨苷的毒性强到足以可使一头牛得血尿，轰然倒下！即使熬过了急性中毒，之后还有引发癌症的可能性，蕨苷可以说是一种非常恐怖的有毒物质。

　　但是为什么我们平时吃蕨菜却一点事都没有呢？这个时候就轮到"长辈的智慧"登场了。对于刚从山里采摘而来的蕨菜，长辈们首先会去掉其涩味，将蕨菜放入稀释后的碱水中，浸一晚，而不是直接食用。

　　碱水呈碱性。在去涩味的操作中，蕨苷被分解成了无毒的物质，所以说长辈的智慧就是化学的智慧。

第5章

了解元素，才能学好化学

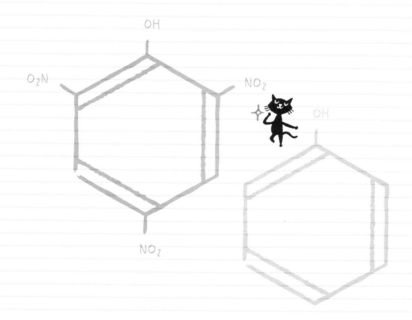

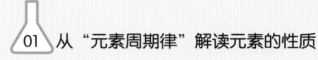

01 从"元素周期律"解读元素的性质

元素周期律

元素的性质随着元素的原子序数
的递增呈周期性变化的规律。

在最后一章中，我们将学习化学的基础——元素。接下来让我们一起走进元素的世界，学习各种元素的作用和对我们生活的影响吧！

元素被汇总在了**元素周期表**中。我们无需死记硬背这张表，只需大概知道元素的倾向、性质和特点就好了。

包括还没决定好名字的元素在内，目前已知的元素共有118种，其中中学课本上的元素共有111种，但如果只考虑地球上稳定存在的元素的话，只有90种。

虽然元素有着自身特有的性质和反应性，但这90种元素的性质并不是完全不同的。由于同族元素性质相近，人们根据这一现象对元素进行整理并归纳到了周期表中。

📍 元素的日历

原子的种类有很多，其中既包括质量大的原子，也包括质量小的原子。如果我们按照质量大小从小到大排列的话，90种元素就变成了一排。以前的科学家也存在这种困惑，想把元素分为几排，但总找不到好的排列方法。

元素周期表可以说是一本元素的日历，按元素的原子序号（原子核内的质子数目）大小从小到大排列，分为数排。

📍 元素周期表成功预测了未知元素

俄国化学家门捷列夫按原子序号大小顺序合理地把元素分为了长度适宜的数行，被誉为是"元素周期表之父"。另外，他还通过元素周期表成功预测了未知元素的存在。

假设日历的某月第2周的星期一到星期日，分别是3（星期一）、4（星期二）、5（星期三）、6（星期四）、7（星期五）、8（星期六）、9（星期日），但第3周却是10（星期一）、11（星期二）、13（星期四）、14（星期五）、15（星期六）、16（星期日）。通过查看日历，我们可以发现第3周缺了12号，那天是星期三。

人们通过这种推测的方法，于1875年发现了原子序号为31的镓，于1879年发现了原子序号为21号的钪，于1886年发现了原子序号为32的锗。由此可以看出，元素周期表真是一张非常神奇的表！

📍 解读元素周期表

元素周期表有很多种类，现在向大家展示的是课本中常出现的长周期表。30多年前的课本用的还是短周期表，但现在有螺旋状的周期表、圆筒形的周期表，甚至还有一部分突起的圆柱形周期表，种类可谓是非常多。

	1	2	3	4	5	6	7	8	9	10	11	12	13	14	15	16	17	18
1	1 H 氢																	2 He 氦
2	3 Li 锂	4 Be 铍		稀有金属		稀土元素							5 B 硼	6 C 碳	7 N 氮	8 O 氧	9 F 氟	10 Ne 氖
3	11 Na 钠	12 Mg 镁		稀有金属中包含17种稀土元素									13 Al 铝	14 Si 硅	15 P 磷	16 S 硫	17 Cl 氯	18 Ar 氩
4	19 K 钾	20 Ca 钙	21 Sc 钪	22 Ti 钛	23 V 钒	24 Cr 铬	25 Mn 锰	26 Fe 铁	27 Co 钴	28 Ni 镍	29 Cu 铜	30 Zn 锌	31 Ga 镓	32 Ge 锗	33 As 砷	34 Se 硒	35 Br 溴	36 Kr 氪
5	37 Rb 铷	38 Sr 锶	39 Y 钇	40 Zr 锆	41 Nb 铌	42 Mo 钼	43 Tc 锝	44 Ru 钌	45 Rh 铑	46 Pd 钯	47 Ag 银	48 Cd 镉	49 In 铟	50 Sn 锡	51 Sb 锑	52 Te 碲	53 I 碘	54 Xe 氙
6	55 Cs 铯	56 Ba 钡	57-71 镧系	72 Hf 铪	73 Ta 钽	74 W 钨	75 Re 铼	76 Os 锇	77 Ir 铱	78 Pt 铂	79 Au 金	80 Hg 汞	81 Tl 铊	82 Pb 铅	83 Bi 铋	84 Po 钋	85 At 砹	86 Rn 氡
7	87 Fr 钫	88 Ra 镭	89-103 锕系	104 Rf 𬬻	105 Db 𬭊	106 Sg 𬭳	107 Bh 𬭛	108 Hs 𬭶	109 Mt 鿏	110 Ds 𫟼	111 Rg 𬬭	112 Cn 鿔	113 Nh 鿭	114 Fl 𫓧	115 Uup 镆	116 Lv 𫟷	117 Ts 鿬	118 Og 鿫
电荷	+1	+2				复杂						+2	+3		−3	−2		
名称	碱金属	碱土金属										锌族	硼族	碳族	氮族	氧族	卤族	稀有气体
	典型元素				过渡元素								典型元素					

镧系元素	57 La 镧	58 Ce 铈	59 Pr 镨	60 Nd 钕	61 Pm 钷	62 Sm 钐	63 Eu 铕	64 Gd 钆	65 Tb 铽	66 Dy 镝	67 Ho 钬	68 Er 铒	69 Tm 铥	70 Yb 镱	71 Lu 镥
锕系元素	89 Ac 锕	90 Th 钍	91 Pa 镤	92 U 铀	93 Np 镎	94 Pu 钚	95 Am 镅	96 Cm 锔	97 Bk 锫	98 Cf 锎	99 Es 锿	100 Fm 镄	101 Md 钔	102 No 锘	103 Lr 铹

周期表有着最基本的设计，以最为常见的长周期表为例，从左往右依次有18个序列，每个序列被称为"**族**"，共有18个族，例如，族号1下面排列的元素为1族元素，族号2下面排列的元素为2族元素。周期表从上到下共有1~7个**周期**，例如，第一行的元素叫作第一周期元素。

族有点类似日历中的星期几，正如星期日给人感觉愉快，星期一给人感觉压抑一样，各族元素也有着相似的性质，所以说第几周期有点类似日历中的第几周。

📍 典型元素与迁移元素

根据元素在周期表中的位置，可以将它们分为几类，这对培养对化学的敏感度来说很重要。

"**典型元素**"指的是周期表中的1~2族和12~18族的元素，即位于周期表两端的元素。一般来说，同族的典型元素性质相似，比如1族元素容易变为正1价的阳离子，2族元素容易变为正2价的阳离子，17族元素容易变为负1价的阴离子。不过，典型元素在常温状态下形态各异，既有气体，也有液体（水银）和固体。另外，典型元素中还有金属元素、非金属元素、半导体等具有各种性质的元素。

"**迁移元素**"指的是周期表中被两侧典型元素夹在中间的3~11族的元素。这一名字的由来是因为这些元素的性质从左往右会逐渐发生迁移性的变化。所有的元素都有相似之处，金属元素有着共通的性质，在常温状态下均为固体，所以迁移元素也被叫作"**迁移金属**"。

02 有着"恶魔面孔"的"植物三大营养元素"

植物的三大营养元素

氮、磷、钾。其中氮最为重要，也是炸药的原材料之一。

生物的生长发育离不开营养物质，对于植物来说，营养物质就是化肥。氮、磷、钾被喻为植物的三大营养元素。接下来学习下氮和磷的有关知识吧。

♀ 氮是把双刃剑

氮作为植物的三大营养元素之一，对于所有植物的生长发育来说都是不可或缺的，因为氮能使植物的茎长粗，能使叶子长得更茂盛。如果植物体内的氮元素不足的话，茎会变得又细又瘦弱，叶子也会变得很稀疏，所以说哈伯和博施发明的人工固氮法将人类从饥饿中解救了出来，做出了不朽的贡献。

但是，氮也带来了负面的影响。氮作为化学肥料为我们的生活做出巨大贡献的同时，也埋下了暴力的火种。化学肥料由哈伯—博施法中的氨气经过氧化后生成的硝酸制作而成。听到硝酸，你可能隐约已经闻到了一股臭味。对，没错，它就是炸药，化学肥料就是炸药的原材料！

爆炸说白了就是"快速的燃烧"。煤油炉能使里面的煤油缓慢燃烧，从而起到保温、保暖的作用，但如果煤油在一瞬间燃烧的话，就会发生可怕的爆炸。物质的燃烧需要氧气，但引发爆炸性的燃烧，光靠空气中的氧气是不够的，还需要燃烧物本身所含的氧元素。

"硝酸基"是最常用于引发爆炸的化学物质。1个硝酸基含有2个氧原子。我们经常听到的炸药TNN，1个分子中含有6个氧原子；炸药的原材料硝化甘油，1个分子含有9个氧原子。

三硝基甲苯中有 6 个氧原子，硝化甘油中有 9 个氧原子。喵！

　　硝酸能将硝酸基导入到化合物之中，即哈伯和博施发明了制作炸药所需原材料的技术。据说在第一次世界大战中，德国军队使用的大部分弹药都是由哈伯—博施法制作而来的。有一种说法认为现代社会之所以战争频发，且战争规模大、持续时间长，是因为哈伯—博施法为人们提供了源源不绝的硝酸。

　　成也萧何，败也萧何。哈伯—博施法既把人类从饥饿中解救出来，也让人类尝尽了坠入恐怖深渊的痛苦。这两者运用的化学知识虽然是一样的，但使用的途径不同，结果也就不同。

📍 我们因磷而得以生存

磷也是植物的三大营养元素之一。植物体内缺少磷的话，开花和结果都会受到影响，它是培育鲜花、蔬菜和水果必不可少的一种营养元素。另外，对人与其他动物来说，磷也起到了重要作用。

磷在一名成人体内大约有800g，其中大部分（85%）是构成骨骼的磷酸钙，但磷在体内的其他地方也发挥着重要作用。例如，构成核酸的主要元素之一就是磷，如果没有磷的话，所有的生物都无法繁衍后代。从这一角度出发，"我们因磷而得以生存"这句话说得一点都不为过。

生物摄取食物获得能量，但如果能量不能保存到特定时候的话，就失去了意义。有一种叫作ATP的分子起到了储存能量的作用，而构成ATP的主要元素就是磷。

磷在生物体内的含量虽然不多，但却起到了重要作用，有时甚至还可以给生物带来致命的伤害。磷系杀虫剂、威力巨大的化学武器沙林、梭曼和VX毒剂正是利用了这一原理。

> **白金一族**
>
> 金、银、铂等贵金属。特别是铂
> 用于氢气燃料电池中，白金一族
> 作为各种催化剂运用于生产中，
> 也用作抗癌剂。

　　当我们走过城市的街道时，经常会看到很多珠宝店。这些珠宝店里的贵金属，通常指的是金、银、铂三种。但是化学概念上的重金属，除了金、银之外，还有被称为白金一族的钌、铑、钯、锇、铱、铂等6种金属，加起来一共8种。

　　这些金属的特点可不是好看，而是反应性弱，即很难和别的物质进行反应。虽然贵金属不易反应还漂亮，但由于其化学性质过于稳定，用途受限。在过去很长一段时间内，人们一直都对贵金属抱有这样的成见，但现在发生了翻天覆地的变化，贵金属元素正开始被广泛运用于化学世界的第一线。

📍 从18K降到8K的黄金兽头瓦

珠宝店的柜台中展示着"white gold"，如果直译成中文的话就变成了"白金"，但我们知道白金对应的英文是"platinum"，所以说white gold并不是白金。

white gold是一种合金，也叫人造白金，以金为主要成分，加入了镍、钯等元素使金属变白。合金中的含金量用K表示，纯金为24K，含金量为50%的话是12K。

据说日本名古屋城的黄金兽头瓦，在建城之初是用丰城秀吉所铸的金币（只有表面是黄金）熔炼后做成的，纯度高达18K。但是之后每当政府的财政状况出现紧张时，都会从兽头瓦中剥去几片黄金鳞片以缓解财政压力，再往其他鳞片中掺入银和铜。到了江户时代末期，纯度就降到8K了。另外，据说为了不让人们发现这一点，政府打着"防止鸟粪污染"的名头，在兽头瓦周围用金网围了起来。

尖端产业的香饽饽

贵金属开始发挥重要作用的第一个例子是催化剂。现在备受瞩目的催化剂被运用于氢气燃料电池当中。氢气燃料电池是将氢气和氧气反应生成水时的反应能量转变为电能的装置，即电解水的逆反应，这和前面提到的阿波罗13号宇宙飞船上的反应是同一个原理。在氢气燃料电池中必须加入催化剂，现在一般使用白金作催化剂。

贵金属的缺点是价格昂贵。其中由于近80％的白金产于南非，很多时候价格比黄金的还要高，而且价格变动幅度很大。人们解决了氢气燃料电池中的技术问题，但由于白金的价格猛涨，导致燃料电池成本过高。这样一来，生产得越多，亏损也就越大，企业经营苦不堪言。

三元催化剂因能除去汽车尾气中的有害物质，同样吸引了人们的眼球。三元催化剂中使用了铂、钯、铑、铱等贵金属。目前尖端领域对贵金属的需要非常高。

未来有望成为电动汽车能源的氢气燃料电池、去除汽车尾气中有毒物质的三元催化剂中都出现了贵金属的身影，可以说没有贵金属，汽车都无法行驶了！现在人们也在研发贵金属以外的催化剂，但一般来说都需要稀有金属。稀有金属的短缺和高昂的价格与贵金属并无太大差别。

📍 药品中的贵金属

目前，贵金属的应用也延伸到了医药领域。过去一直没有一种特效药能治疗风湿免疫病，后来人们开发了一种叫作金硫丁二钠的抗风湿病药。顾名思义，这是一种含金的化合物。目前已经知道这种药能够抑制掌管免疫反应的免疫细胞的活动，但具体的作用机制尚不知晓。

另外，羧酸铂等白金药剂也被用于抗癌剂。这种抗癌剂作用于双重螺旋结构的DNA，横跨两条DNA分子链之间，形成了搭桥结构（连接两个高分子，使物理和化学性质发生改变的结构）。这样一来，DNA就无法再进行分裂和复制，癌细胞也不能进行分裂和增殖，对于治疗癌症有着重要意义。

　　贵金属不但漂亮，现在还开始在工业生产、医疗等方面对我们的生活产生巨大影响。

04 因"又轻又强"，成为时代宠儿的"轻金属"

轻金属

相对密度小于 4 或 5 的金属。轻
金属可用来制作高性能的合金。

说起为人类立下汗马功劳的金属，大家可能首先会想到铁。但在谈及贡献时，怎么能少得了轻金属呢！

轻金属指的是相对密度小于4或5的金属元素，比如铝（相对密度2.7）、镁（相对密度1.7）、钛（相对密度4.5）。

加入轻金属的合金通常会比较轻，强度也较大。由于轻金属有着这么多的优点，现在已经是飞机机身必不可少的一部分。最近轻金属在其他领域的应用也吸引了人们的关注。

📍 钛进军形状记忆合金、光催化剂等新市场

钛在地壳中的含量排第10位，在实用型金属中含量仅次于铝、铁和镁。但由于钛的冶炼十分困难，直到20世纪中期人们才开始利用钛金属，钛与人类已经相处了半个多世纪的时间。

由于钛重量轻，强度大，被运用在诸多方面。飞机自不用说，高尔夫球杆的头部、眼镜的镜框中也出现有钛的身影。另外，由于钛金属能记忆形状，变形后再加热的话又能变回原来的形状，常被用作"**形状记忆合金**"的材料。

钛在**光催化剂**领域也发挥着重要作用。光催化剂指的是氧化钛在光的照射下会发挥巨大的催化作用，其中有一项是加快水分解为氢气和氧气的反应速率。这是由光能直接生成氢气，因与氢气燃料电池的研发相配套，备受关注。

如果用氧化钛涂层的话，因其具有超亲水性，就不会有水附在汽车的玻璃上，提高了可视度；或是用于清洗建筑物外墙表面，也能起到很好的效果。

明治以前人们化妆都是用毒性较强的氧化铅，现在人

们吸取教训改用氧化钛。

📍 又轻又强的轻金属合金

在轻金属中，金属锂（相对密度为0.51）的应用显得有点与众不同。锂呈银白色，十分柔软，是相对密度最小的金属。大家可能很清楚锂是锂电池的原料，但其实它也可以用于治疗抑郁症。

由于轻金属重量轻，强度大，常用于飞机机身（铜、镁、铝合金构成硬铝）、F1赛车的车身（铍和铝合金等）、汽车车轮（镁、铝合金）等。

另外，铍在极低温的环境下也不会发生变形，被运用在宇宙望远镜中。

虽然冶炼轻金属元素非常困难，但是最近人们开始不断地开拓可应用的领域。

05 如今不可或缺的 "稀有金属"

稀有金属

对于产业竞争优势来说非常重要的一种材料。目前日本产出量较少，也较难进口的一种金属。

目前共有47种**稀有金属**。在70多种金属中有47种是稀有金属，占金属总体的三分之二。

与稀有金属相似，有一类元素叫作**稀土元素**，共有17种。这17种稀土元素全都包括在稀有金属元素中，两者并不是毫无关联的。

掺有稀有金属的合金不仅强度大，还具有强耐热性、强耐药性等特点，品质非常高。稀土元素一般都具有发光性和磁性，是现代尖端科学领域必不可缺的物质。

📍 稀有金属的分类法

虽然稀有金属被喻为"工业维生素"，地位非常重要，但日本的产量实在是太少了。稀有金属的分类方法在政治和经济上都是很少见的。具体来说，就是"日本非常稀少"：①地壳中含量较少；②只产于特定地区；③分离、冶炼非常困难。只要满足上述其中一个条件，在日本都可以被称作是稀有金属。

📍 17种稀土元素

与稀有金属的分类方法不同，稀土元素有着更为明确的化学分类方法：元素周期表第3族前三类元素，即钪、钇、镧系元素均为稀土元素。其中镧系元素是15个元素的统称，而不是1个元素的名称。因此，稀有元素包括钪、钇和15种镧系元素，共17种。

由于镧系元素的性质十分相似，元素周期表将15种镧系元素放在了同一个格子中，分离、冶炼镧系金属十分困难。同时在分离、冶炼的过程中，稀土元素会生成放射性元素钍，非常危险。

📍 稀有金属和稀土元素的应用

稀有金属主要用于与铁等金属构成合金。这样的合金硬度非常大、耐热性非常高、耐药性非常强，即使在超低温的环境中强度也丝毫不受影响，主要用于仪器设备、飞机、火箭等尖端产业，支撑着日本尖端产业高品质、高性能产品的发展。下图向我们展示了手机中含有的稀有金属。

手机中含有的稀有金属（颜色字体为稀有金属）

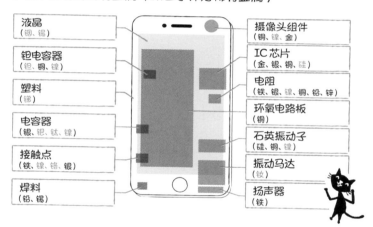

液晶
（铟、锡）

钽电容器
（钽、铜、镍）

塑料
（锑）

电容器
（银、钯、钛、镍）

接触点
（铁、镍、铬、银）

焊料
（铅、锡）

摄像头组件
（铜、镍、金）

IC 芯片
（金、银、铜、硅）

电阻
（铁、银、镍、铜、铅、锌）

环氧电路板
（铜）

石英振动子
（硅、铜、镍）

振动马达
（钕）

扬声器
（铁）

稀土元素具有发光性、磁性等特点，目前钕磁铁正被广泛运用在引领世界潮流的日本电动汽车、混合动力汽车上。除此之外，镝元素也应用其中，这些都是稀土元素。

稀土元素正被应用于显示屏、马达类的颜色粒子、高性能磁铁、激光振动粒子等现代科学产业的第一线。

由于稀有金属数量稀少且获取困难，考虑到未来的供应不足和供给不稳定等问题，我们需要尽早开发能代替稀有金属的非晶体金属以及功能性有机材料。

专栏 日俄战争的秘密

　　现在我们提到火药，一般都会想起TNT（三硝基甲苯）。但是在1904年的日俄战争中，两国军队除了TNT外，还使用了别的火药。

　　据说日军在该战争中使用的火药是由一位叫作下濑雅允的海军军官发明的，所以该火药名为"下濑火药"。下濑火药的爆炸威力大，燃烧性强，给俄军带来了巨大伤

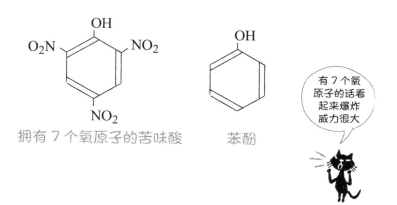

拥有 7 个氧原子的苦味酸　　苯酚

有 7 个氧原子的话看起来爆炸威力很大

亡。据说日本能取得日俄战争的胜利，正是因为在海战中使用了下濑火药。

下濑火药的化学名称叫作苦味酸（三硝基苯酚）。经过前面的学习，我们已经知道爆炸是一种快速的燃烧反应，火药中的氧原子越多，爆炸的威力也就越大。1个TNT分子中含有6个氧原子，而1个苦味酸分子中有7个氧原子。

然而这种看似威力十足的炸药却有一个致命的缺点——苦味酸是苯酚的衍生物。由于苯酚是酸性物质，当苯酚在炮弹中长期存放的话，炮弹中的铁会被氧化从而变软。操作不慎的话，发射时可能会在炮筒内爆炸，真的是赔了夫人又折兵。出于这个考虑，后来的炸药都换成了TNT。